数控车床编程
与操作一体化教程

主 编 张利缘 应 跃

中国水利水电出版社
www.waterpub.com.cn
·北京·

内 容 提 要

本教材系统全面地阐述了数控铣床编程的基础知识和要点。全书共 7 个模块，包括数控发展历程、数控车指令、零件检测、基本车削编程、典型零件加工案例分析及零件制作、在线编程、知识链接等内容。教材精选大量的实践案例，将理论与实践相结合，内容系统全面，实用性较强。

本教材可作为机械类专业的配套教材，也可作为培训机构和企业的培训技能中级认定实训教材，以及相关技术编程人员的参考用书。

图书在版编目（CIP）数据

数控车床编程与操作一体化教程 / 张利缘，应跃主
编. -- 北京 ：中国水利水电出版社，2024. 12.
ISBN 978-7-5226-3256-8

Ⅰ. TG519.1

中国国家版本馆CIP数据核字第202508TY37号

书　　名	**数控车床编程与操作一体化教程** SHUKONG CHECHUANG BIANCHENG YU CAOZUO YITIHUA JIAOCHENG
作　　者	主编　张利缘　应　跃
出版发行	中国水利水电出版社 （北京市海淀区玉渊潭南路 1 号 D 座　100038） 网址：www.waterpub.com.cn E - mail：sales@mwr.gov.cn 电话：(010) 68545888（营销中心）
经　　售	北京科水图书销售有限公司 电话：(010) 68545874、63202643 全国各地新华书店和相关出版物销售网点
排　　版	中国水利水电出版社微机排版中心
印　　刷	清淞永业（天津）印刷有限公司
规　　格	184mm×260mm　16 开本　8.5 印张　257 千字
版　　次	2024 年 12 月第 1 版　2024 年 12 月第 1 次印刷
印　　数	001—500 册
定　　价	**39.00 元**

前　言

在党的二十大报告中，强调了教育优先发展的重要性，提出了加快建设教育强国、科技强国、人才强国的目标，坚持为党育人、为国育才的原则。在数控车床编程与加工领域，这一精神同样适用。数控车床作为现代制造业中的关键设备，其编程与加工技术的提升是实现制造强国战略的重要组成部分。

数控车床的编程与加工不仅要求技术人员具备专业的编程能力，还需要不断创新和实践，以适应高科技竞争的需要。本教材紧跟党的二十大精神，在课程内容设计上体现了创新、实用、多元化的特点，旨在培养学生分析问题、解决问题、总结提升的专业能力，同时也提高学生的团队意识，创新、社会责任心等核心素养，培养德智体美劳全面发展的社会主义合格建设者和可靠接班人。

通过这本教材的学习，学生可以掌握数控车床的基本操作、轴类零件加工、套类零件加工、成形面类零件加工、螺纹类零件加工等关键技能，并通过 CAD/CAM 加工等内容的学习，进一步提升技术水平。教材还充分融入了思政元素的融入，确保学生在专业技能提升的同时，也能够深化对党的二十大精神的理解和认识。

本教材采用模块教学的方式进行编写，通过 7 个具体模块，将数控车床编程与加工融为一体，突出解决问题能力的培养，具体内容如下。

模块一：数控发展历程。讲述数控这一领域，包括技术、系统、设备在内的发展历程。

模块二：数控车指令。详细介绍数控车床编程的基础知识、常用指令及其应用方法。

模块三：零件检测。深入探讨数控车床关于零件检测的六大类检测仪器。

模块四：基本车削编程。学习外圆加工、内孔加工、槽加工、螺纹加工这 4 类车削编程。

模块五：典型零件加工案例分析及零件制作。分析学习多种加工案例与典型零件图纸。

模块六：在线编程。认识 CAXA 数控车床软件并了解其相关功能。

模块七：知识链接。配备数控车床二级、三级、四级理论试题样题。

为了更适合教师教学和中高职学生学习，本教材结合教学内容配备相关操作视频与课后习题，让学生能够在较短的时间内掌握教材的内容，及时检查自己的学习效果，巩固和加深对所学知识的理解。

编者

2024 年 8 月

目 录

模块一　数控发展历程

导言

　　数控技术，即计算机数值控制（computer numerical control）技术，是一种通过计算机系统实现对机械设备精确控制的技术。自 20 世纪中叶诞生以来，数控技术已经经历了多个发展阶段，极大地推动了制造业的现代化进程。

　　本模块旨在梳理数控技术的重要发展节点，从其概念的提出，到关键技术的突破，再到现代数控系统的应用，一一回顾那些塑造了数控技术面貌的重大事件和创新成果。通过这一历史视角，不仅能够更好地理解数控技术的过去，也能够洞察其未来的发展趋势。

学习目标

　　通过本模块的学习，在知识、技能、素养 3 个层面应达到如下目标。

　　1. 知识目标

　　（1）了解数控技术及数控系统的发展历史。

　　（2）了解数控设备的未来发展趋势。

　　2. 技能目标

　　（1）掌握数控系统的基本构成。

　　（2）熟悉数控技术的不同分类方法。

　　（3）能够自主选择适合的数控系统。

　　3. 素养目标

　　（1）了解数控基本概念，明确专业责任，增强使命感和责任感。

　　（2）培养数控的科学原理，养成严谨求实的习惯。

任务一　发　展　历　程

　　在时光的长河中，人类文明的进步往往伴随着工具与机械的发展。自古以来，人们对精准、自动化的追求从未停歇，在这一进程中，数控技术逐渐崭露头角，成为现代制造业的灵魂所在。

一、数控技术发展历程

　　1. 诞生阶段

　　1948 年，美国的一小型飞机工业承包商帕森斯公司接受美国空军委托，研制直升飞机螺旋桨叶片轮廓检验用样板的加工设备。由于样板形状复杂多样，精度要求高，一般加工设备难以适应。在制造飞机的框架及直刀飞机的转动机翼时，帕森斯公司提出了采用电子计算机对加工轨进行控制和数据处理的设想。1949 年，该公司得到美国空军的支持，与美国麻省理工学院（MIT）开始共同研究，并于 1952 年试制成功第一台三坐标数控铣床，当时的数控装置采用电子管元件，实验室中的数控模型，见图 1-1。

图 1-1　实验室中的数控模型

世界上第一台数控机床在美国诞生，这标志着数控技术的诞生，也由此掀开了制造领域数控加工时代的新篇章。这一创新将机械加工行业带入了一个新的时代，实现了加工过程的自动化和精密化。这是制造技术发展过程中的一个重大突破，标志着制造领域中数控加工时代的开始。数控加工是现代制造技术的基础，这一发明对于制造行业而言，具有划时代的意义和深远的影响。

帕森斯公司的设想本就考虑到刀具直径对加工路径的影响，使得加工精度达到了 +0.0015in❶。这在当时的条件下水平是相当高的，因而帕森斯公司获得了专利。

在数控机床诞生之初，由于对数控机床的特点和发展前景缺乏充分认识，以及技术人员素质、基础设施和配套条件的限制，数控技术的发展经历了起伏。尽管起步较早，但初期的数控机床技术研究和产业发展基本上处于一种封闭状态，这在一定程度上限制了技术的快速进步和广泛应用。

2. 技术成熟与产业化

1954 年年底，美国本迪克斯公司在帕森斯公司专利的基础上生产出了第一台工业用的数控机床。这时数控机床的控制系统（专用电子计算机）采用的是电子管，其体积庞大、功耗高，仅在一些军事部门中承担普通机床难以加工的形状复杂零件，这是第一代数控系统。

1959 年，电子计算机应用晶体管组件和印刷电路板，使机床数控系统跨入了第二代。而且 1959 年克耐杜列克公司在数控机床上设置刀库，并在刀库中装有丝锥、钻头、铰刀等刀具，根据穿孔带的指令自动选择刀具，并通过机械手将刀具装在主轴上，以缩短刀具的装置时间和减少零件的定位装卡时间。人们把这种带自动交换刀具的数控机床称为加工

---

❶　1in=2.54×10⁻²m。

中心，见图 1-2。

加工中心的出现，把数控机床的应用推上了一个更高的层次，加工中心集铣、钻、磨于一身。为以后立式和卧式加工中心、车削中心、磨削中心、五面体加工中心、板材加工中心等的发展打下基础。今天，加工中心已成为市场上非常畅销的一个数控机床品种。目前，美国、日本、德国等工业发达国家加工中心产量几乎占数控机床产量的 25% 以上。

1965 年，出现了第三代的集成电路数控装置，不仅体积小功率消耗少，且可靠性提高，价格进一步下降，促进了数控机床品种和产量的发展。

图 1-2 立式加工中心

以上三代，都属于硬逻辑数控系统（numberical control，NC）。由于点位控制的数控系统比轮廓控制的数控系统要简单得多，在该阶段，点位控制的数控机床得到大发展。有资料统计显示：到 1966 年，在实际使用的 6000 台数控机床中，85% 是点位控制的数控机床。1967 年英国的 Mollin Co. 将 7 台机床用 IBMI360/140 计算机集中控制，组成 Mollin24 系统。这就是最初的柔性制造系统（flexible manufacturing system，FMS），能执行生产调度程序和数控程序，具有工件存储、传输和检验自动化的功能。能加工尺寸小于 300mm×300mm 的工件，适合几件到 100 件的小规模生产。

20 世纪 50 年代末至 60 年代，数控机床技术开始成熟并逐渐产业化。这一时期，数控系统从早期的电子管技术发展到晶体管技术（图 1-3），显著提高了数控机床的可靠性和性能，但仍然具有体积较大且成本高昂的缺点。

3. 计算机数控（CNC）时代

1970 年，在美国芝加哥国际机床展览会上，首次展出了用小型计算机控制的数控机床。这是第一台由计算机直接控制多台机床的直接数控系统（direct numerical control，DNC）又称群控系统，采用小型计算机控制的计算机数控系统（computer numerical control，CNC），使数控装置进入了以小型计算机化为特征的第四代，极大地提高了数控机床的性能和可靠性。

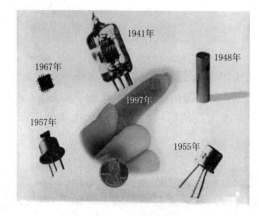

图 1-3 晶体管

4. 微处理器应用

1974 年，随着科技的不断发展，微处理器出现。美国、日本、德国等国都迅速推出了以微处理器为核心的数控系统，成功研制了使用微处理器和半导体存储器的微型计算机数控装置（microsoft numerical control，

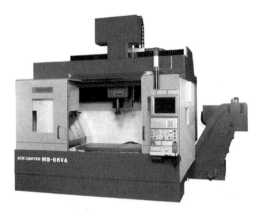

图 1-4 微型计算机数控装置

MNC，通称为 CNC），这是第五代数控系统（图 1-4）。

微处理器技术的发展使得数控装置的体积进一步缩小，成本降低，数控机床开始普及。自此，开始了数控机床大发展的时代，促进了数控机床的普及应用和数控技术的发展。

5．自动化数控系统

20 世纪 80 年代初，国际上出现了以加工中心为主体，再配上工件自动装卸和监控检测装置的柔性制造单元（flexible manufacturing cell，FMC）。FMC 和 FMS 被认为是实现计算机集成制造系统（computer integrated manufacturing system，CIMS）的必经阶段。

随着计算机软、硬件技术的发展，出现了能进行人机对话式自动编制程序的数控装置，数控装置越趋于小型化，可以直接安装在机床上，数控机床的自动化程度进一步提高，具有自动监控刀具破损和自动检测工件等功能。

6．智能化与网络化

20 世纪 90 年代后期，出现了 PC＋CNC 智能数控系统，即以 PC 机为控制系统的硬件部分，在 PC 机上安装 NC 软件系统，此种方式系统维护方便，易于实现网络化制造。

数控机床技术开始向智能化和网络化方向发展，集成了更多智能功能，如自适应控制、智能诊断等。

7．飞速发展

目前，数控机床技术的发展正朝着高效、精密、智能化、环保等方向快速前进，同时也在产业链协同方面取得了积极进展。这些发展趋势预示着数控机床产业在未来将更加强大，能够更好地满足现代制造业的需求。

二、我国数控技术的发展

我国数控技术的发展经历了从起步到追赶再到局部领跑的过程。以下是我国数控技术发展的几个关键点。

1．起步阶段

我国数控技术的起步虽然较晚于一些工业发达国家，但自 1958 年北京第一机床厂与清华大学合作研发出我国第一台数控铣床（图 1-5），我国的数控技术开始了迅速的发展进程。这一创举不仅标志着我国数控技术的诞生，也为我国后续的工业自动化和制造业升级奠定了重要基础。

2．技术引进与自主研发

改革开放是我国数控机床产业发展的重要转折点。在此之前，我国的数控技术主要依靠自主研发，与国际先进水平存在较大差距。随着改革开放政策的实施，我国开始引进国外先进技术，并通过技术攻关和产业化发展，逐步建立起数控机床产业体系。

图 1-5　我国第一台数控铣床 X53K1

3. 政策支持

我国政府对于数控机床技术的重视和支持是推动该领域发展的关键因素。自"十五"规划（2001—2005 年）开始，我国便将数控机床技术作为国家战略性产业给予重点扶持，旨在缩小与国际先进水平的差距，并提升国内制造业的整体水平。

（1）"十五"规划：我国政府启动了对数控机床产业的技术改造和升级工作，通过政策引导和资金支持，鼓励企业采用先进技术，提升产品竞争力。这一时期，国内数控机床产业开始逐步摆脱对进口技术的依赖，向自主研发转型。

（2）"十一五"规划（2006—2010 年）：在"十一五"期间，我国机床行业保持了持续稳定高速发展，政府继续加大研发投入，支持关键技术攻关，推动产业向高端化、成套化、智能化方向发展。2007 年，沈阳机床和大连机床的综合技术实力分别进入全球机床行业前 10 强，标志着我国数控机床产业开始在国际市场上占据一席之地。

（3）"十二五"规划（2011—2015 年）：这一时期，我国政府进一步明确了数控机床产业的发展方向，通过"高档数控机床与基础制造装备"科技重大专项（简称"04 专项"），聚焦航空航天、汽车、船舶、发电等领域的高档数控机床需求，进行重点支持。这一系列的支持措施，加快了高档数控机床的研发和产业化进程。

（4）持续的政策支持：在"十三五"和"十四五"规划中，我国政府继续将数控机床技术作为重点发展领域，通过政策引导、税收优惠、资金扶持等手段，推动产业技术创新和产业结构优化升级。

（5）产学研合作：政府鼓励企业、高校和研究机构之间的合作，通过产学研结合的模式，加快科技成果的转化应用，提升数控机床技术的自主创新能力。

（6）国际合作与交流：我国政府支持国内企业参与国际合作与交流，引进国外先进技术，培养国际化人才，提升我国数控机床产业的国际竞争力。

（7）市场准入与规范：通过制定相关标准和规范，提高市场准入门槛，促进产业健康有序发展，保障产品质量和安全。通过这些措施，我国数控机床产业在技术创新、产品质量、产业结构等方面取得了显著进步，为推动制造业转型升级和建设制造强国奠定了坚实基础。未来，我国政府将继续支持数控机床产业的发展，推动产业向更高水平迈进。

4．市场竞争力增强

国产数控机床的发展经历了从引进技术到自主研发，再到市场竞争力提升的过程。目前，国产数控机床在多个层面取得了显著成就：

（1）中低端市场：国产数控机床在中低端市场已经建立起明显的竞争优势，这得益于持续的技术改进、成本控制和市场响应速度。国产数控机床在性价比、本土化服务和定制化解决方案方面具有优势，满足了广大中小企业的需求。

（2）航空航天领域：在航空航天这一高端领域，国产数控机床实现了重要突破。通过自主研发和技术创新，国产机床开始在飞机结构件、航空发动机零部件等关键产品的加工中发挥作用。

（3）汽车行业：在汽车制造领域，国产数控机床同样取得了进展，尤其是在汽车零部件的高效、精密加工中，国产机床正在逐步替代进口产品，为汽车产业的快速发展提供了重要支撑。

（4）船舶制造：在船舶制造行业，国产数控机床也被用于提高船舶零部件的加工效率和质量，支持了船舶工业的现代化进程。

（5）发电设备：在发电设备制造领域，国产数控机床用于加工汽轮机、发电机等关键部件，提高了发电设备的制造水平和生产效率。

（6）智能制造：随着智能制造的推进，国产数控机床也在向智能化、网络化方向发展，集成了更多的自动化和信息化技术，提升了加工的智能化水平。

5．技术创新

国家科技重大专项和其他政策支持为国产数控机床的技术进步和产业升级提供了强有力的推动。通过这些支持，国产数控机床在多个关键技术领域实现了显著的发展和突破：

（1）多轴联动技术：国产数控机床在多轴联动技术上取得了重要进展，能够实现五轴甚至更多轴的联动加工，满足复杂空间曲面的高精度加工需求，广泛应用于航空航天、汽车、模具制造等领域。

（2）精密加工技术：随着精密测量和补偿技术的发展，国产数控机床的加工精度不断提高，达到了微米级甚至亚微米级精度，能够满足精密仪器、医疗器械等高精密零部件的加工要求。

（3）智能化控制技术：国产数控机床在智能化控制方面也取得了突破，集成了自适应控制、智能诊断、远程监控等功能，提高了机床的自动化水平和用户的操作便利性。

（4）复合加工技术：通过集成车削、铣削、磨削、滚齿等多种加工方式，国产数控机床能够实现复合加工，提高加工效率和产品质量。

6．国产化率提升

我国数控机床行业的国产化率提升是近年来国内制造业发展的重要成就之一。随着国内技术的进步和市场需求的增长，国产数控机床在国内市场的占有率逐年提高，这一趋势在中低端数控机床领域尤为明显，但高端数控机床的国产化率仍有提升空间。

任务二　数　控　系　统

一、概念

1. 简介

数控系统，即数字控制系统（numerical control system），是一种根据计算机存储器中预先编制的控制程序，执行机床或机械装置的数值控制功能（图1-6）。该系统通常包括专用计算机系统、接口电路和伺服驱动装置。数控系统通过解析由数字、文字和符号构成的指令代码，实现对机械设备的精确控制，这些控制通常涉及位置、角度、速度等机械量，以及开关状态等逻辑量。

图1-6　数控系统

数控系统能够实现对机床的精确控制，提高生产效率和加工精度。数控系统广泛应用于机械加工、汽车制造、航空航天、医疗器械等领域。

CNC系统由数控程序存储装置（从早期的纸带到磁环，从磁带、磁盘到计算机通用的硬盘）、计算机控制主机（从专用计算机进化到PC体系结构的计算机）、可编程逻辑控制器（programmable logic controller，PLC）、主轴驱动装置和进给（伺服）驱动装置（包括检测装置）等组成。

由于通用计算机的使用，数控系统逐渐具有了以软件为主的转变，又用PLC代替了传统的机床电器逻辑控制装置，使系统更小巧，其灵活性、通用性、可靠性更好，易于实现复杂的数控功能，使用、维护方便，并具有与网络连接及进行远程通信的功能。

2. 优点

数控系统的应用非常广泛，它不仅提高了生产效率和加工质量，还极大地推动了制造业的自动化和智能化进程。随着技术的进步，现代数控系统正朝着更加智能化、网络化和集成化的方向发展。

数控系统的主要优点可以概括为以下几点：

（1）高精度：传统的手动操控方式往往受到人为误差的影响，导致产品精度参差不齐。而数控系统则依靠精确的数字指令实现对机床各个轴向运动的严格把控，大大降低了制造过程中的偏差。这种高精度特性尤其适合那些需要反复复制同一零件的生产线，确保了批次间产品的高度一致性。

（2）高效性：随着科技的进步，现代数控系统已经实现了很高的运行速度，能够在短时间内完成大量复杂的工作。加之其自动换刀及连续不间断工作能力的支持，使得工作效率大大提高，并且减轻了人力劳动强度。自动化操作也减少了人为错误和停机时间，提高了生产效率。

（3）灵活性：不同于只能执行固定程序的传统机器设备，配备了数控系统的机床可以方便地更换或升级软件，从而适应不同种类的产品生产和工艺需求。这意味着制造商可以根据市场需求快速调整生产线，增强了企业的应变能力和竞争力。

（4）可靠性：由于数控系统采用电子元件和计算机作为核心部件，相对于传统机控装置具有更高的稳定性和较低的故障率。维护起来也相对容易，一般只需要定期检查硬件状态并对操作系统做适当更新即可保证长期无故障运转。

二、发展

1. 数控系统发展历程

在 20 世纪中叶，随着计算机技术的初步发展，第一代数控系统开始出现。这些早期系统主要基于电子管和继电器（图 1-7），虽然功能上有所限制，但它们标志着数控技术的诞生，并为未来的技术进步打下了坚实的基础。

（a）电子管 （b）继电器

图 1-7 电子管和继电器

随着晶体管和集成电路的发明（图 1-8），第二代数控系统实现了从模拟控制到数字控制的跨越，极大地推动了制造业的自动化进程。

（a）晶体管 （b）集成电器

图 1-8 晶体管和集成电路

到了 21 世纪初，伴随着信息技术的爆炸性增长，数控系统的形态再次经历了翻天覆地的变化。以先进的微处理器为核心的新一代高精度伺服控制系统应运而生，它们具备更快的运算速度、更高的定位精度和更强的抗干扰能力。此外，操作界面的人性化设计、图形显示技术和智能诊断功能等软硬件方面的进步也大大提升了用户的使用体验。

在当代工业转型的浪潮中，随着"互联网＋"、人工智能和工业 4.0 等理念的兴起，全球制造业正在经历一场深刻的变革。在这一背景下，传统数控系统正迅速与一系列尖端技术实现深度融合，例如物联网、大数据、云计算、机器学习等。这些技术的融合推动了数控系统的智能化发展，使机床不仅是加工工具，更是智能化、网络化的生产节点。随着技术的持续进步，未来的数控系统将更加自主、灵活，能够更好地适应个性化、定制化的生产需求，为制造业的创新发展提供强大的动力。

当前，我们正处于一个前所未有的快速及变化的时代。在这样的大环境下，数控技术的发展不仅意味着生产力的提升，更涉及国家竞争力乃至全球经济格局的重大调整。放眼未来，可以预见的是，持续演进中的数控系统将会更加注重绿色制造、个性化定制和社会经济可持续发展之间的平衡。

2. 我国数控系统的发展

尽管我国的数控系统行业已经取得了显著的发展，但目前大多数高端数控机床仍然依赖于进口的数控系统，特别是在国防工业等关键领域，这种情况尤为突出。高档数控系统是影响机床性能、功能、可靠性及成本的核心要素。由于国际上对向我国出口此类高端设备持续实施限制和封锁，这已成为限制我国高端数控机床行业发展的一个主要障碍。

为了推动数控技术行业的发展，我国政府已经制定并实施了一系列政策措施。其中包括由国务院批准的《装备制造业调整和振兴规划》以及《高档数控机床与基础制造装备》国家科技重大专项计划，这些政策为数控技术行业的发展提供了有利的外部条件。

《装备制造业调整和振兴规划》中明确提出了几个基本原则，包括将设备自主化与国家重点建设工程相结合，强调自主开发与引进消化吸收相结合，以及提升整机与基础配套技术水平相结合的策略。提升数控系统等关键基础部件的市场占有率，是实现设备自主化战略的关键一环。

此外，国家科技重大专项计划《高档数控机床与基础制造装备》也设定了明确目标，即到 2020 年显著提升国产高档数控机床的市场占有率。这些措施旨在通过政策支持和资金投入，促进国产数控系统的研发和应用，减少对外国技术的依赖，增强国内产业的自主创新能力，从而推动我国向高端制造业的转型和升级。

我国目前正处于工业化的关键转型期，这一时期的特征是由原先的填补短缺阶段逐渐过渡到经济强国的建设。在此过程中，煤炭、汽车、钢铁、房地产、建材、机械、电子和化工等重工业基础行业快速发展，为机床市场特别是数控机床市场带来了巨大的需求动力。自 2002 年以来，我国的机床消费额已经连续多年位居世界第一，2009 年的消费额甚至超过了排在第二位的日本和第三位的德国的总和。随着我国制造业的持续升级，现有的普通机床也将面临升级改造的需求，这为数控系统行业提供了广阔的发展空间和巨大的发展潜力。在"十二五"时期，我国经济的迅猛发展为机床行业，尤其是数控机床领域，注入了强大的发展动力。关键行业如汽车制造、船舶工业、工程机械及航空航天等对机床的需求迅猛增长。

2022 年，我国数控机床行业 CR10（前 10 家企业市场占有率总和）在 50％左右，这表明国产数控机床企业在逐步扩大市场份额。此外，《中国制造 2025》中提出了更为具体的目标：到 2025 年，高档数控机床与基础制造装备国内市场占有率超过 80％；数控系统标准型、智能型国内市场占有率分别达到 80％、30％；主轴、丝杠、导轨等中高档功能部件国内市场占有率达到 80％。这显示了国家对于提升国产数控机床及其核心部件市场占有率的坚定决心和明确规划。

三、基本构成

1. 数控系统

世界上的数控系统种类繁多，形式各异，组成结构上都有各自的特点。这些结构特点来源于系统初始设计的基本要求和硬件和软件的工程设计思路。对于不同的生产厂家来说，基于历史发展因素以及各自因地而异的复杂因素的影响，在设计思想上也可能各有千秋。以 20 世纪 90 年代为例，美国的 Dynapath 系统采用了紧凑型的小板设计，这种设计有利于减少热变形，便于电路板的更换和系统的灵活组合；而日本的 FANUC 系统则偏好使用大型电路板，通过减少电路板间的连接部件，增强了系统的稳定性和可靠性。

尽管数控系统在设计多样性上各有千秋，它们的运作原理和结构组成却具有普遍的共性。一个标准的数控系统大致由以下核心组成部分构成。

（1）控制系统。控制系统硬件是一个具有输入/输出功能的专用计算机系统，按加工工件程序进行插补运算，发出控制指令到伺服驱动系统。控制系统是整个系统的中枢神经系统，负责解析程序代码，并将它们转化为实际的动作，包括硬件电路和微处理器，以及运行在其上的软件。正是由于控制系统的存在，我们才能够通过编程来操纵复杂的机械设备。

（2）伺服系统。如果说控制单元是大脑，那么伺服系统就是肌肉，是实现精确定位的关键所在。由电机、减速器和传感器组成，将来自控制系统的控制指令和测量系统的反馈信息进行比较和控制调节，控制 PWM 电流驱动伺服电机，由伺服电机驱动机械按要求运动。它们协同工作以确保刀具或工作台按照预定路径移动到准确的位置。

（3）输入/输出设备。输入设备如键盘、鼠标和触摸屏允许操作者与系统交互并输入命令；而输出装置则提供状态信息和错误警告等反馈给用户。这些设备简化了人机交互过程，使得复杂制造任务的操作变得简单直观。

（4）可编程逻辑控制器。这是一个特殊的组成部分，用于处理所有涉及机器安全和顺序控制方面的事务。通过集成在数控系统之中，可以有效地管理诸如冷却泵、润滑系统以及其他辅助功能的工作循环。

（5）编程语言和软件。G-code 和 M-code 是传统的数控编程语言，在今天仍然被广泛应用。然而，随着科技的进步，越来越多高级的图形界面和仿真软件出现，使程序员能够在虚拟环境中设计、测试和优化其程序。

2. 硬件结构

从硬件结构上的角度，数控系统到目前为止可分为两个阶段共六代，第一阶段为数值逻辑控制阶段，其特征是不具有 CPU，依靠数值逻辑实现数控所需的数值计算和逻辑控制，包括第一代电子管数控系统，第二代晶体管数控系统，第三代集成电路数控系统；第二个阶段为计算机控制阶段，其特征是直接引入计算机控制，依靠软件计算完成数控的主要功能，包括第四代小型计算机数控系统，第五代微型计算机数控系统，第六代 PC 数控系统。

由于从 20 世纪 90 年代开始，PC 结构的计算机应用的普及推广，PC 构架下计算机 CPU 及外围存储、显示、通信技术的高速进步，制造成本的大幅降低，导致 PC 构架数控系统日趋成为主流的数控系统结构体系。PC 数控系统的发展，形成了"NC＋PC"过渡型结构，既保留传统 NC 硬件结构，仅将 PC 作为 HMI，代表性的产品包括 FANUC 的 160i，180i，310i，840D 等。还有一类即将数控功能集中以运动控制卡的形式实现，通过增扩 NC 控制板卡（如基于 DSP 的运动控制卡等）来发展 PC 数控系统。典型代表有美国 DELTA TAU 公司用 PMAC 多轴运动控制卡构造的 PMAC‐NC 系统。另一种更加革命性的结构是全部采用 PC 平台的软硬件资源，仅增加与伺服驱动及 I/O 设备通信所必需的现场总线接口，从而实现非常简洁的硬件体系结构。

3．软件结构

（1）输入数据处理程序。它接收输入的零件加工程序，将标准代码表示的加工指令和数据进行译码、数据处理，并按规定的格式存放。有的系统还要进行补偿计算，或为插补运算和速度控制等进行预计算。通常输入数据处理程序包括输入、译码和数据处理 3 项内容。

（2）插补计算程序。CNC 系统根据工件加工程序中提供的数据，如曲线的种类、起点、终点、既定速度等进行中间输出点的插值密化运算。上述密化计算不仅要严格遵循给定轨迹要求还要符合机械系统平稳运动加减速的要求。根据运算结果，分别向各坐标轴发出形成进给运动的位置指令。这个过程称为插补运算。计算得到进给运动的位置指令通过 CNC 内或伺服系统内的位置闭环、速度环、电流环控制调节，输出电流驱动电机带动工作台或刀具作相应的运动，完成程序规定的加工任务。

CNC 系统是一边插补进行运算，一边进行加工，是一种典型的实时控制方式。

（3）管理程序。管理程序负责对数据输入、数据处理、插补运算等为加工过程服务的各种程序进行调度管理。管理程序还要对面板命令、时钟信号、故障信号等引起的中断进行处理。在 PC 化的硬件结构下，管理程序通常在实时操作系统的支持下实现。

（4）诊断程序。诊断程序的功能是在程序运行中及时发现系统的故障，并指出故障的类型。也可以在运行前或故障发生后，检查系统各主要部件（CPU、存储器、接口、开关、伺服系统等）的功能是否正常，并指出发生故障的部位。

四、基本分类

数控系统的种类很多，从不同角度对其进行考察，就有不同的分类方法。接下来，我们将共同探索数控系统的基本分类。

1．按控制功能分类

（1）点位控制数控系统。点位控制数控系统是一种较为简单的数控系统，其主要特点是系统只控制刀具从一点移动到另一点的准确位置，而不对刀具的移动路径或速度进行控制。这种控制系统适用于那些加工过程中对轨迹要求不高，但对终点位置精度有较高要求的应用场景。

点位控制系统的工作原理是，根据输入的数控程序，系统计算出刀具需要到达的各个坐标点，然后生成指令使刀具移动到这些预定的位置。在刀具移动过程中，系统不监控刀具的实际运动轨迹，只有在刀具到达指定位置时，系统才会通过位置检测装置进行确认。

它的优点包括结构简单、成本较低，适合用于一些基本的加工任务，如钻孔、点焊、冲压。然而，由于它不控制刀具的移动路径，因此不适用于需要精确控制刀具运动轨迹的复杂曲面加工。

（2）直线控制数控系统。直线控制数控系统是一种用于控制机床沿直线路径移动的控制系统。这种系统不仅要控制点与点的精确位置，还要控制两点之间的工具移动轨迹是一条直线，且在移动中工具能以给定的进给速度进行加工，其辅助功能要求也比点位控制数控系统多，如它可能被要求具有主轴转数控制、进给速度控制和刀具自动交换等功能。

直线控制通常用于需要在多个点或沿直线路径进行加工的应用，例如铣削、车削和直线孔的加工。与点位控制相比，直线控制的编程更为复杂，但仍然比轮廓控制简单，适合中等复杂度的加工任务。此类控制方式的设备主要有简易数控车床、数控镗铣床等。

（3）轮廓控制数控系统。轮廓控制数控系统是一种高级的数控系统，这类系统能够对两个或两个以上坐标方向进行严格控制，即不仅控制每个坐标的行程位置，同时还控制每个坐标的运动速度，以实现高精度和高表面质量的加工。各坐标的运动按规定的比例关系相互配合，精确地协调起来连续进行加工，以形成所需要的直线、斜线或曲线、曲面。

轮廓控制数控系统通常用于模具加工、航空零件加工、汽车零部件加工等精度和表面质量加工需求高的器械。采用此类控制方式的设备有数控车床、铣床、加工中心、电加工机床和特种加工机床等等。随着制造业对精度和复杂性要求的不断提高，轮廓控制数控系统极大地扩展了数控机床的加工能力和应用范围，在现代数控技术中的重要性也在不断增加。

2. 按伺服系统控制方式分类

（1）开环控制数控系统。开环控制数控系统是数控系统中的一种基本类型，这类数控系统不带检测装置，也无反馈电路，以步进电动机为驱动元件。CNC装置输出的进给指令（多为脉冲接口）经驱动电路进行功率放大，转换为控制步进电动机各定子绕组依此通电/断电的电流脉冲信号，驱动步进电动机转动，再经机床传动机构（齿轮箱、丝杠等）带动工作台移动。

在开环控制系统中，控制动作是基于输入信号的预期效果，而不涉及实际监测输出信号的任何调整。这种方式控制简单，成本较低，结构简单，但缺乏自动校正误差的能力。在高精度或复杂应用中的局限性较大，在一些简单、成本敏感或干扰较小的应用中仍然有其价值。

（2）全闭环控制数控系统。全闭环控制数控系统是一种高精度的控制系统。位置检测装置安装在机床工作台上，用以检测机床工作台的实际运行位置（直线位移），并将其与CNC装置计算出的指令位置（或位移）相比较，用差值进行调节控制。

这种直接反馈允许系统对机床的任何微小偏差进行实时补偿，从而实现极高的加工精度和重复性。但由于它将丝杠、螺母副及机床工作台这些连接环节放在闭环内，导致整个系统连接刚度变差，因此调试时，其系统较难达到高增益，即容易产生振荡。这类数控系统通常用于航空航天、医疗器械、高精度机床、高附加值产品等复杂加工中。

全闭环控制数控系统虽然成本较高，但由于其出色的精度和稳定性，它在需要极高精度的高端制造领域中得到了广泛应用。

（3）半闭环控制数控系统。半闭环控制数控系统是一种介于开环控制和全闭环控制之间的控制系统。它结合了两者的某些特点，提供了一种成本效益较高的解决方案，尤其是在对精度要求较高但又不需要极端精确的情况下。

位置检测元件被安装在电动机轴端或丝杠轴端，通过角位移的测量间接计算出机床工作台的实际运行位置（直线位移），由于闭环的环路内不包括丝杠、螺母副及机床工作台这些大惯性环节，由这些环节造成的误差不能由环路所矫正，其控制精度不如全闭环控制数控系统，但其调试方便，成本适中，可以获得比较稳定的控制特性，因此在实际应用中，这种方式被广泛采用。

3. 按加工工艺分类

（1）车削数控系统。车削数控系统是专门为车床设计的数控系统，用于实现高精度和高效率的车削加工。这类系统能够控制机床的多个运动轴，包括主轴的旋转、刀具的横向和纵向移动等，以满足各种车削加工的需求。典型的车铣复合型数控系统见图 1-9。

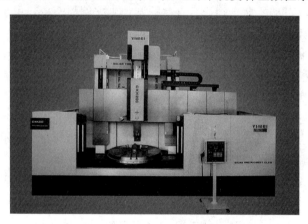

图 1-9　典型的车铣复合型数控系统

车削数控系统具有多轴控制、自动换刀、刀具补偿、螺纹加工等功能。应用非常广泛，包括标准化大批量生产、多品种小批量生产等。

（2）铣削数控系统。铣削数控系统是用于铣床的数控系统（图 1-10），它能够控制机床进行复杂表面的加工，包括平面、斜面、凹槽、齿轮和曲面等。

铣削数控系统具有多轴控制、高级插补、刀具长度和半径补偿等功能。广泛应用于复杂模具和模型制造、航空航天、汽车工业等。

随着车铣复合化工艺的日益普及，要求数控系统兼具车削、铣削功能，例如大连光洋公司的 GNC60/61 系列数控系统。

（3）磨削数控系统。磨削数控系统是专门用于磨床的数控系统，它们设计用来满足精

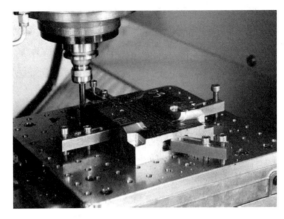

图 1-10 铣削数控系统

密磨削加工的高精度和高刚性要求。与其他数控系统的区别主要在于要支持工件在线量仪的接入，量仪主要监测尺寸是否到位，并通知数控系统退出磨削循环。磨削数控系统还要支持砂轮修整，并将修正后的砂轮数据作为刀具数据计入数控系统。

此外，磨削数控系统的 PLC 还要具有较强的温度监测和控制回路，还要求具有与振动监测、超声砂轮切入监测仪器接入，协同工作的能力。对于非圆磨削，数控系统及伺服驱动在进给轴上需要更高的动态性能。有些非圆加工（例如凸轮）由于被加工表面高精度和高光洁度要求，数控系统在曲线平滑技术方面也要有特殊处理。

（4）面向特种加工数控系统。这类系统为了适应特种加工往往需要有特殊的运动控制处理和加工作动器控制。例如，并联机床控制需要在常规数控运动控制算法加入相应并联结构解耦算法；线切割加工中需要支持沿路径回退；冲裁切割类机床控制需要 C 轴保持冲裁头处于运动轨迹切线姿态；齿轮加工则要求数控系统能够实现符合齿轮范成规律的电子齿轮速比关系或表达式关系；激光加工则要保证激光头与板材距离恒定；电加工则要数控系统控制放电电源；激光加工则需要数控系统控制激光能量。

4. 按驱动方式分类

（1）步进电机驱动。步进电机驱动是一种利用步进电机（图 1-11）作为执行元件的控制系统，它将电脉冲信号转换为角位移或线位移，以实现精确的位置控制，适用于精度要求不是特别高的场合。

步进电机驱动的数控系统因其结构简单、成本较低、控制精度高和维护方便等优点，在许多工业自动化领域得到了广泛应用。然而，步进电机也存在一些局限性，如在高速运行时可能会失去步进（失步），因此需要仔细选择合适的电机和驱动器，并进行适当的系统设计和调整，以满足特定应用的需求。

（2）伺服电机驱动。伺服电机驱动数控系统是一种高性能的控制系统，它使用伺服电机（图 1-12）作为执行元件

图 1-11 步进电机

来实现精确的速度和位置控制，提供更高的动态响应和控制精度。伺服系统通常包括伺服电机、伺服驱动器和反馈装置（如编码器），它们共同工作以实现对机床或机械装置的精确控制。

5. 按控制轴数分类

（1）两轴数控系统。两轴数控机床是一种常见的数控机床，它具有两个运动轴，通常指的是 X 轴和 Z 轴，这两个轴相互垂直，可以独立控制刀具或工件的移动，以实现精确的加工（图 1-13）。

图 1-12　伺服电机

两轴数控机床适用于各种规模的制造环境，从单件小批量生产到大批量生产。它们是机械加工领域中不可或缺的设备，尤其适合加工平面或相对简单的零件，如直线切割或钻孔任务。

图 1-13　两轴数控系统

图 1-14　三轴数控系统

（2）三轴数控系统。三轴数控机床是一种具有三个运动轴的机床（图 1-14），通常包括两个水平轴（X 轴和 Y 轴）和一个垂直轴（Z 轴）。这种机床应用最广泛，能够提供更加复杂的加工能力，包括立体形状的加工。

（3）四轴及以上数控系统。四轴及以上数控机床是具有四个或更多运动轴的机床（图 1-15），它们能够提供更为复杂的加工能力，进行多轴联动加工，对复杂的零件进行加工。

四轴及以上数控机床是高端机床市场的代表，它们提供了无与伦比的加工灵活性和精度，尤其适合加工复杂和高精度的零件。

五、影响选型的因素

数控系统的功能适用性对于数控机床的设计选型无疑是重要的限制性因素。以下因素是在选择数控系统中必须考虑的重要因素。

1. 驱动能力

不同的数控供应商的解决方案中伺服的功率范围和配套电机范围也是不同的。首先应该从可匹配的电机类型、功率范围来初步筛选。特别是要注意数控机床方案中是否包括力矩电机、直线电机、电主轴属于同步电主轴还是异步电主轴，上述电机的额定电流需求和过载电流需求，电主轴的最高转速需求等。

图 1-15 四轴数控系统

2. 全闭环需求与双驱需求

数控机床，特别是大型、重型数控机床大多数都有全闭环和双驱需求。在全闭环控制方案中，要在距离编码光栅、绝对值式光栅、普通增量光栅间进行选择，同时数控系统也要支持相应的反馈信号接入。

3. 五轴控制需求

五轴机床需要明确是否五轴联动还是仅要求五面加工，相应选择的数控系统功能也不同。比如针对五面箱体类加工，通常不需要 RTCP，选择余地就比较大。同时针对五轴功能可能涉及数控系统供货商在出口许可证、售后服务、技术支持等方面也必须认真考虑。

4. 生产系统需求

数控系统网络化支持成为生产系统集成的必要条件。对于要纳入自动化程度很高的生产系统的数控机床，必须明确数控系统具有相应的接入解决方案，包括低级的依靠 PLC 输入输出点直接接入到高级的数控系统内置 OPC 服务器，依照 OPC 标准向用户开放数控系统内部数据。此外面向生产系统，自动化的在线工件检测和刀具检测也是必须支持的功能。

任务三　数控专用设备发展方向

数控专用设备是一种集机械、电子、计算机、材料等多学科技术于一体的高科技产品，它广泛应用于航空、航天、国防、汽车、模具、机床等行业领域，是制造业中不可或缺的重要设备之一。随着全球制造业的快速发展，数控专用设备行业也得到了迅猛的发展。目前，我国数控专用设备行业已经形成了一定规模，并且在技术、品牌、市场等方面都取得了重要进展。

在技术方面，我国数控专用设备行业日益增强自主创新能力，拥有多项核心技术和专利成果。例如，高速加工技术、雕铣一体化技术、智能化技术等方面都有了较大的突破，有效提升了数控设备的制造水平和市场竞争力。

在品牌方面，我国数控专用设备行业逐渐崭露头角，一些品牌企业如华中数控、三木数控等也获得了一定的知名度和市场份额。同时，国内一些中小型企业也在数控专用设备领域中不断发挥其独特优势，不断提升产品质量和技术水平，实现了快速发展。

在市场方面，我国数控专用设备行业已经逐渐建立完善的市场体系，产品销售网络覆盖了全国各地，并向国际市场拓展。同时，我国政府积极推动制造业转型升级，对数控专用设备行业提供了重要支持，为行业未来的发展提供了坚实的保障。

随着科技的不断发展进步，数控技术也在不断地发展和完善中。那么未来，我国的数控专用设备又会朝着什么样的方向发展呢？

一、智能化方向

随着人工智能技术、物联网技术的快速发展，数控专用设备行业也在不断向智能化方向前进。智能化的数控专用设备可以更高效地满足客户需求，提高生产效率。

未来，这些设备将变得更加智能，能够独立处理更多复杂的工作，如自动诊断、自我修复等能力都会得到增强。而且，通过整合 AI 技术，数控设备可能会具有自学习的功能，可以根据工作环境和操作经验不断自我完善，以适应各种生产要求。

（1）机器智能化：利用机器学习、深度学习等先进算法，使设备能够自我学习和改进，从而为后续操作提供更加精确的数据基础。

（2）人机交互化：为了提升数控设备的操作便捷性以及生产效率，未来的研发重点将包含用户界面（UI）和用户体验（UX）的深度优化与革新。

（3）数据化：在数控设备领域，未来的发展方向将重点关注数据的深度利用，通过强化数据采集、分析和应用的研究，构建一个全面的数据服务体系。

二、柔性化方向

鉴于当前市场对于产品多样化和个性化的强烈需求，数控专用设备必须具备更高的灵活性以满足各种不同的生产要求。这样的柔性化设备能够根据客户的特定需求进行灵活配置和重组，从而实现生产效率和响应性的双重提升。

（1）智能柔性制造系统：在确保生产效率的同时，未来的数控设备将更加注重提升加工精度和自动化水平，并通过设备间的灵活组合来增强生产线的适应性和灵活性，以此进一步提升整体的生产效率。

（2）通用柔性制造系统：通过开放式平台设计，实现生产设备的通用性可根据不同客户需求进行调整和组合而不需要重新设计。

三、环保节能方向

环境保护意识的增强使得环保型产品受到越来越多的关注和支持。而能耗较高的传统机械加工方式正逐渐被更为节能环保的方法所取代。

未来，数控设备的设计将更加侧重于节能减排，比如采用先进的刀具材料以降低切削过程中的能耗，以及研发低噪声电机等。这样的绿色化设备不仅有助于减少对环境的影响，还能提升企业的品牌形象和社会责任意识。

（1）节能降耗：优化设备结构和使用方式，降低设备的能耗，减少资源的浪费。

（2）废弃物处理：加大对废弃物的处理和回收利用的力度，将废弃物最大程度地回收再利用。

四、网络化方向

在工业 4.0 的大背景下，网络化已经成为必然趋势。未来的数控设备将能够实现与其他生产设备之间的信息交互与共享，进行远程监控和维护。这不仅提高了工作效率，更有助于企业实现精益生产和个性化定制。

五、高速高效方向

市场竞争日益激烈的情况下，生产效率成为了关键因素之一。因此，高速高效的数控设备将成为未来发展的一个重要方向。它们将在保证产品质量的同时大幅缩短加工时间，帮助企业降低生产成本并快速响应市场需求。

六、复合多功能方向

单一功能的数控设备已无法满足日益增长的需求。为了提高生产线的柔性，复合多功能的数控设备应运而生并且日渐流行。这类设备能够在一台机床上实现在多种不同工艺方法下的作业，极大地节省了时间和资源。

思 考 与 练 习

1. 第一台工业用数控机床在哪一年生产出来？
2. 什么是加工中心？
3. 中国数控技术诞生的标志是什么？
4. 数控系统由哪些部分构成？
5. 选择一种数控系统的分类方法，进行分类阐述。

模块二　数控车指令

导言

　　数控车床编程是机械加工领域中的一项核心技能，它涉及使用特定代码来指导数控车床自动完成精确的车削工作。随着制造业的快速发展，数控车床已成为高精度、高效率机械加工的关键设备。数控编程不仅提高了生产效率，还极大地提升了产品的加工质量。

　　本模块将详细介绍数控车床编程的基础知识、常用指令及其应用方法，帮助读者深入理解数控车床的工作原理，并掌握编程技巧。

学习目标

　　通过本项目的学习，在知识、技能、素养 3 个层面应达到如下目标。

　　1. 知识目标

　　（1）了解 O、T、S、M 代码类型。

　　（2）了解基本指令的分类及区别。

　　2. 技能目标

　　（1）掌握 G00、G02、G03、G32 等指令的用法。

　　（2）分清不同循环指令的格式与功能。

　　（3）能够自主使用基础指令进行程序编制。

　　3. 素养目标

　　（1）激发学生的求知欲，鼓励学生不断更新知识和技能以适应技术发展。

　　（2）培养学生数控的科学原理，养成严谨求实的习惯。

任务一　坐　标　系

　　光轴加工是通过工件和刀具之间的相对运动实现的，为了让车床刀具能按照预想的轨迹运动，首先需要为车床设定坐标系。

一、数控车床坐标系

　　1. 坐标系的定义

　　在数控车床上加工零件，车床的动作是由数控系统发出的指令来控制的。为了确定车床的运动方向和移动距离，就要在车床上建立一个坐标系，这个坐标系称为车床坐标系，也称为标准坐标系。

　　2. 坐标系的规定

　　在车床上，我们始终认为工件是静止的，而刀具是运动的。这样编程人员在不考虑车床上工件与刀具具体运动的情况下，就可以依据零件图样，确定车床的加工过程。

对于车床坐标系的方向,统一规定增大工件与刀具间距离的方向为正方向。

数控车床的坐标系采用右手笛卡尔坐标系(图 2-1)。

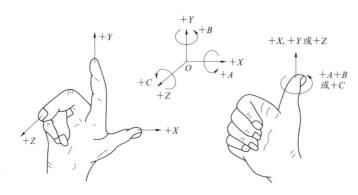

图 2-1 右手笛卡尔坐标系

(1)伸出右手的大拇指、食指和中指,并互为 90°。则大拇指代表 X 坐标,食指代表 Y 坐标,中指代表 Z 坐标。

(2)大拇指的指向为 X 坐的正方向,食指的指向为 Y 坐标的正方向,中指的指向为 Z 坐标的正方向。

(3)围绕 X、Y、Z 坐标旋转的旋转坐标分别用 A、B、C 表示,根据右手螺旋定则,大拇指的指向为 X、Y、Z 坐标中任意轴的正向,则其余四指的旋转方向即为旋转坐标 A、B、C 的正向。

3. 坐标系的方向

(1)Z 坐标方向。Z 坐标的运动由主要传递切动力的主所决定。对任何具有转主轴的车床,其主轴及与主轴抽线平行的坐标轴都称为 Z 坐标轴(简称 Z 轴)根据坐标系正方向的确定原则,刀具远离工件的方向为该轴的正方向。

(2)X 坐标方向。X 坐标一般为水平方向并垂直于 Z 轴。对工件旋转的车床(如车床)X 坐标方向规定在工件的径向上且平行于车床的横导轨。同时也规定其刀具远离工件的方向为 X 轴的正方向。

(3)Y 坐标方向。Y 坐标垂直于 X 坐标轴并按照右手笛卡尔坐标系来确定。依据以上原则,当车床为前置刀架时,X 轴正向向前,指向操作者(图 2-2)。

当车床为后置刀架时,X 轴正向向后,背离操作者(图 2-3)。

二、机床坐标系

机床坐标系是以机床原点为坐标系原点建立起来的 XOZ 直角坐标系。

1. 机床原点

机床原点又称机械原点,即机床坐标系的原点,是机床上设置的一个固定点,其位

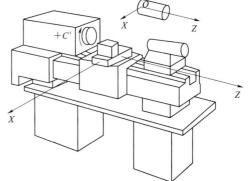

图 2-2 水平床身前置刀架数控车床的坐标系

置是由机床设计和制造单位确定的，通常不允许用户改变。

机床原点又是数控机床进行加工或位移的基准点。数控车床的机床原点一般为主轴回转中心与卡盘后端面的交点（图 2-4），还有一些数控机床将机床原点设在刀架位移的正向极限点位置。

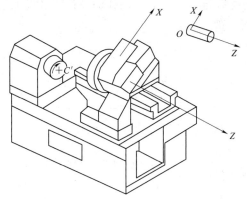

图 2-3　倾斜床身后置刀架数控车床的坐标系

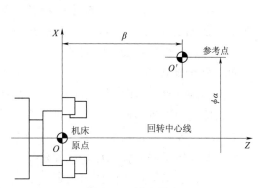

图 2-4　机床原点

2. 机床参考点

机床参考点是数控机床上一个特殊位置的点，也是机床上的一个固定点。它是用机械挡块或电气装置来限制刀架移动的极限位置，作用主要是给机床坐标系一个定位。因为如果每次开机后，无论刀架停留在哪个位置，系统都把当前位置设定成（0，0），这就会造成基准的不统一。

对于大多数数控机床，开机第一步总是先使机床返回参考点（即所谓的机床回零）。当机床处于参考点位置时，系统显示屏上的机床坐标系显示系统参数中设定的数值（即参考点与机床原点的距离值）。开机回参考点的目的就是为了建立机床坐标系，即通过参考点当前的位置和系统参数中设定的参考点与机床原点的距离值（见图 2-5 中的 a 和 b）来反推出机床原点位置。机床坐标系一经建立后，只要机床不断电，将永远保持不变，且不能通过编程来对它进行改变。

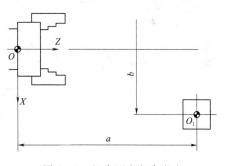

图 2-5　机床原点与参考点

图 2-5 中 O 为机床原点，O_1 为机床参考点，a 为 Z 向距离参数值，b 为 X 向距离参数值。机床上除设立了参考点外，还可用参数来设定第 2、3、4 参考点，设立这些参考点的目的是建立一个固定的点，在该点处数控机床可执行诸如换刀等一些特殊的动作。

三、工件坐标系

1. 工件坐标系概念

机床坐标系的建立保证了刀具在机床上的正确运动。但是，加工程序的编制通常是针对某一工件并根据零件图样进行的。为了便于尺寸基准相一致，这种针对某一工件并根据零件图样建立的坐标系称为工件坐标系（也称"编程坐标系"），程序中的坐标值均以工件坐标系为依据。

2. 工件坐标系原点

工件坐标系原点也称编程原点，是指工件装夹完成后，选择工件上的某一点作为编程或工件加工的基准点。工件坐标系原点在图中以符号"⊕"表示。

工件坐标系的原点可由编程人员根据具体情况确定，一般设在图样的设计基准或工艺基准处（图2-6）。根据数控车床的特点，X 向一般选在工件的回转中心，而 Z 向一般选在加工工件的右端面（O 点）或左端面（O' 点）。

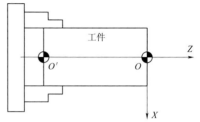

图2-6 工件坐标系原点

四、坐标值计算

在编制加工程序时，为了准确描述刀具运动轨迹，除正确使用准备功能外还要有符合图样轮廓的地址及坐标值。要正确识读零件图样中各坐标点的坐标值，首先要确定工件编程原点，以此建立一个直角坐标系，来进行各坐标点坐标值的确定。

1. 绝对坐标值

在直角坐标系中，所有的坐标点均以直角坐标系中的原点（工件编程原点）作为坐标位置的起点（0，0）。

例如图2-7中所示，O_1、O_2 是工件上两个不同的编程原点，并以之计算各坐标点的坐标值，箭头所指的方向为坐标轴正方向。绝对坐标值是指某坐标点到工件编程原点之间的垂直距离，用 X 代表径向，Z 代表轴向，且 X 向在直径编程时为直径值（实际距离的2倍）。图2-7中各点的绝对坐标值见表2-1。

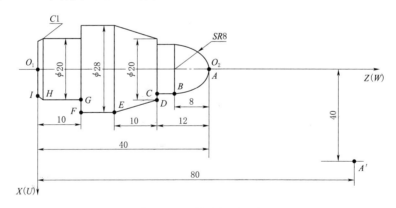

图2-7 工件坐标系原点

表2-1 绝 对 坐 标 值

坐标点	以 O_1 为编程原点		以 O_2 为编程原点	
	X	Z	X	Z
A'	80	80	80	40
A	0	40	0	0

坐标点	以 O_1 为编程原点		以 O_2 为编程原点	
	X	Z	X	Z
B	16	32	16	−8
C	16	28	16	−12
D	20	28	20	−12
E	28	18	28	−22
F	28	10	28	−30
G	20	10	20	−30
H	20	1	20	−39
I	18	0	18	−40

2. 增量坐标值

增量坐标值也称为相对坐标值。在坐标系中，运动轨迹的终点坐标是以起点计量的，各坐标点的坐标值是相对于前点所在的位置之间的距离（径向用 U 表示，轴向用 W 表示）。

图 2-7 中各点的加工顺序是：$A'-A-B-C-D-E-F-G-H-I$。那么各标点的增量坐标值是：A 点（$U-80$，$W-40$）（相对于 A' 点），B 点（$U16$，$W-8$）（相对于 A 点），C 点（$U0$，$W-4$）（相对于 B 点），D 点（$U4$，$W0$），E 点（$U8$，$W-10$），F 点（$U0$，$W-8$），G 点（$U-8$，$W0$），H 点（$U0$，$W-9$），I 点（$U-2$，$W-1$）。

从以上各点坐标值不难看出，各点的增量坐标值都是相对于前一个点的位置而言的，而不是像绝对坐标值那样各点都是相对于编程原点而言的。

任务二 编 程 格 式

数控车床编程是一种使用特定代码（称为 G 代码和 M 代码）来指导机床执行特定操作的过程。这些代码以一种精确和标准化的格式书写，确保机床能够理解和执行所需的动作。

一、程序段结构

一个完整的程序，一般由程序名、程序内容和程序结束 3 部分组成（图 2-8）。

1. 程序名

FANUC 系统程序名是 OXXXX。XXXX 是 4 位正整数，可以为 0000−9999，如 O2255。程序名一般要求单列一段，且不需要段号。

2. 程序内容

程序内容是由若干个程序段组成的，表示数控机床要完成的全部动作。每个程序段

图 2-8 程序段结构

23

由一个或多个指令构成，每个程序段一般占一行，用";"作为每个程序段的结束代码。

3. 程序结束

程序结束指令可用 M02 或 M30。一般要求单列一段。

二、程序段格式

现在最常用的是可变程序段格式。每个程序段由若干个地址字构成，而地址字又由表示地址字的英文字母、特殊文字和数字构成，见表 2-2。

表 2-2　　　　　　　　　　　　　　数控车床程序段格式

序号	1	2	3	4	5	6	7	8	9	10
地址字	N_	G_	X_ U_	Y_ V_	Z_ W_	I_J_K_R_	F_	S_	T_	M_
释义	程序段号	准备功能	坐标尺寸功能				进给功能	主轴	刀具	辅助

例如：N50 G01 X30 Z40 F100；

说明：

(1) NXX 为程序段号，由地址符 N 和后面的若干位数字表示。在大部分系统中，程序段号仅作为"跳转"或"程序检索"的目标位置指示。因此，它的大小及次序可以颠倒，也可以省略。

程序段在存储器内以输入的先后顺序排列，而程序的执行是严格按信息在存储器内的先后顺序逐段执行，也就是说，执行的先后次序与程序段号无关。但是，当程序段号省略时，该程序段将不能作为"跳转"或"程序检索"的目标程序段。

(2) 程序段的中间部分是程序段的内容，主要包括准备功能字、尺寸功能字、进给功能字、主轴功能字、刀具功能字、辅助功能字等。但并不是所有程序段都必须包含这些功能字，有时一个程序段内可仅含有其中一个或几个功能字，如下列程序段都是正确的：

N10 G01 X100 F100；

N80 M05；

(3) 程序段号也可以由数控系统自动生成，程序段号的递增量可以通过"机床参数"进行设置，一般可设定增量值为 10，以便在修改程序时方便进行"插入"操作。

三、编程规则

(1) 绝对方式与增量方式在程序段出现 U 即表示 X 方向的增量值，出现 W 即表示 2 方向的增量值。同时允许绝对方式与增量方式混合编程。

(2) 进给功能：系统默认进给方式为每转进给（即 mm/r），若需使用每分进给（mm/min）需进行系统设置或编程指定。

(3) 程序名的指定：程序名采用字母 O 后跟四位数字的格式。子程序文件名遵循同样的命名规则。通常在程序开始指定文件名，程序结束需加 M30 或 M02 指以结束程序。

(4) G 指令简写模式：系统支持 G 指简写模式，如将 G01 简写成 G1。

(5) 数控车床编程时 X 和 U 默认为直径尺寸，若需使用半径方式指定尺寸字，可在系统参数中进行设置。

任务三 常 用 指 令

一、O、T、S、M

在数控编程中，O、T、S、M 是用于指定机床操作的不同功能的代码类型。下面是每种代码类型的详细说明。

1. O（子程序调用）

指令格式：O_ _ _ _ M98 P_ _ _ _;

指令说明：O 后面跟随的是子程序的编号，这个编号是唯一的，用于标识和调用特定的子程序。M98 是调用子程序的指令。P 后面跟随的同样是子程序的编号，它指定了被调用子程序的程序号。

子程序是一组可以重复使用的程序段，它们被编写一次，然后在主程序中根据需要多次调用，以减少程序的复杂性和长度。它允许复杂的程序被模块化，便于维护和重用。例如，O1000 表示调用编号为 1000 的子程序。

注意事项：

（1）子程序可以嵌套调用，即一个子程序中可以调用另一个子程序，但要注意避免无限循环。

（2）子程序的编号应该是唯一的，以确保正确调用。

（3）子程序通常在程序的末尾或在明确的子程序区域内定义，以便于管理和维护。

（4）在实际的数控系统中，子程序的调用和嵌套可能会受到系统限制，如最大嵌套深度或子程序数量限制，因此在编程时应参考具体机床的编程手册。

2. T（刀具功能）

指令格式：T_ _ _ _;

指令说明：选择刀具及刀具补偿，字母 T 后加四位数字，前两位是刀具号（00～99），后两位是刀具补偿值组别号。

T 代码用于选择刀具。它后面跟随的数字指定了刀具的编号，该编号对应于机床上的刀具库或刀架上的一个位置。

例如，T0202 表示选择 2 号刀具，2 号偏置量；T0300 表示选择 3 号刀具，刀具偏置取消。刀具号与刀具补偿号不必相同，但为了方便一般选择相同。刀具补偿值一般作为参数设定并以手动输入（MDI）方式输入数控装置。

注意事项：

（1）刀具偏置：在某些情况下，T 代码不仅用于选择刀具，还用于调用与该刀具编号相关的偏置数据，如刀具长度和半径偏置。

（2）换刀动作：在执行 T 代码进行换刀时，机床可能会执行一系列的动作，包括移动刀架、识别刀具、调整刀具偏置等。

（3）程序验证：在实际加工前，应通过机床模拟或干运行验证程序的正确性，确保换刀动作不会导致机床碰撞或错误。

（4）刀具库：对于带有自动换刀装置（ATC）的机床，刀具库中的每个刀具位置都应预先设置好，并在编程前确认刀具的实际位置与程序中的 T 代码相匹配。

（5）操作手册：不同的数控系统和机床可能有不同的刀具管理和换刀机制，因此在编程时应参考机床的操作手册或编程文档。

（6）M06 的使用：在某些数控系统中，M06 可以是隐含的，即不需要显式写出 M06，T 代码本身就足够触发换刀动作。

3．S（主轴转速）

（1）指令格式：用字母 S 及其后面的若干位数字表示。

（2）指令说明：用来指定主轴的转速。S 代码为模态指令，需与 G 代码结合，有不同含义，如下所示：

1）G96 S100：线速度恒定，切削速度为 100m/min。

2）G50 S2000：设定主轴的最高转速为 2000r/min。

3）G97 S500：取消线速度恒定功能，主轴的转速为 500m/min。

（3）注意事项：

1）转速限制：在设置主轴转速时，必须遵守机床和刀具的转速限制，以避免造成损害。

2）切削速度：主轴转速与切削速度有关，但还受到进给速度和切削深度的影响。

3）程序验证：在实际加工前，应通过机床模拟或干运行验证程序的正确性，确保主轴转速符合加工要求。

4）恒速切削：某些数控系统支持恒速切削，即使在不同的切削深度下也能保持大致相同的切削速度，这通常通过 G96 指令来实现。

5）G97 指令：G97 是取消恒速切削模式的指令，使主轴回到恒定转数控制为单位的转速控制。

6）安全操作：在改变主轴转速之前，确保刀具已正确安装，且机床处于安全状态。

4．M（辅助功能）

指令格式：M＿＿；

指令说明：其中 M 为地址，＿＿为数字（00～99）。

辅助功能指令用 M 及后面的两位数字表示，所以又称为 M 代码。辅助功能指令主要用于控制机床的辅助操作，例如冷却液的开关、主轴的启停、夹具的松紧、刀具更换等，其特点是靠继电器的通、断来实现控制过程。通常在一个程序段中只允许出现一个 M 代码。这些代码对于机床的操作至关重要，因为它们控制机床的各种非运动功能。

辅助功能指令有非模态代码和模态代码，非模态代码只在输入的当前程序段有效；模态代码是一组可相互注销的代码，这些模态的 M 代码在没有输入其他 M 代码前一直有效。

另外，M 代码还可分为前作用 M 代码和后作用 M 代码两类。前作用 M 代码在程序段编制的轴运动之前执行，后作用 M 代码在程序段编制的轴运动之后执行。

常用的 M 代码及其功能见表 2-3。

表 2-3　　　　　　　　　　　　　常用的 M 代码及其功能

序　号	指　令	功　能	模　态
1	M00	程序暂停	非模态
2	M01	程序选择停止	非模态
3	M02	程序结束	非模态
4	M03	主轴顺时针旋转	模态
5	M04	主轴逆时针旋转	模态
6	M05	主轴停止	模态
7	M07	冷却液开	模态
8	M08	冷却液开	模态
9	M09	冷却液关	模态
10	M30	程序结束并返回	非模态
11	M98	调用子程序	模态
12	M99	子程序结束	模态

注意事项：

（1）M 代码的使用应根据具体机床的说明书和数控系统的兼容性来确定，因为不同的机床可能对 M 代码有不同的响应。

（2）在编写程序时，应确保 M 代码的编号与机床控制系统中预设的编号相匹配。

（3）部分 M 代码可能需要与特定的 G 代码结合使用才能发挥预期的效果。

（4）在实际加工前，应通过机床模拟或干运行验证程序的正确性，确保所有 M 代码按预期工作。

这些代码在数控程序中非常重要，因为它们控制着数控机床的各种动作和功能。正确使用这些代码对于确保加工过程的顺利进行和加工质量至关重要。

二、直线插补（G01）

指令格式：G01X(U)_Z(W)_F_；

指令说明：G01 指令使刀具以设定的进给量从所在点出发，在两坐标或三坐标间直线插补到目标点。

其中，X(U)：X 轴切削终点的绝对（相对）坐标。

Z(W)：Z 轴切削终点的绝对（相对）坐标。

F：切削进给率或进给速度，单位为 mm/r 或 mm/min。

G01 为模态代码，一经使用持续有效，直到被同组 G 代码（G0G02G0）注销在程序中，第一程序段出现插补指令（直线 G01 或圆弧插补 G02、G03）之前，必须给出 F 值。

纵切：车削外圆、内孔等与 Z 轴平行地加工，此时只需单独指定 Z 或 W。

横切：车削端面、沟槽等与 X 轴平行地加工，此时只需单独指定 X 或 U。

锥切：同时指令 X、Z 两轴移动，来车削锥面的直线插补运动。

如图 2-9 所示，刀尖从当前点以 0.2mm/r 的速度直线插补到目标点，指令编写如下：G01(X20) Z-20 F0.2；采用绝对坐标编程 X20 可省略不写。

G01(U0) W - 20 F0.2；采用增量坐标编程
U0 可省略不写。

三、圆弧插补（G02、G03）

刀具在指定平面内按给定的进给速度 F 做圆
弧插补运动，用于加工圆弧轮廓。圆弧插补命令
分为顺时针圆弧插补指令 G02 和逆时针圆弧插补
指令 G03 两种，其指令格式如下。

（1）圆心格式：G02 X(U)_Z(W)_I_K_F_；
　　　　　　　　G03 X(U)_Z(W)_I_K_F_；

（2）半径格式：G02 X(U)_Z(W)_R_F_；
　　　　　　　　G03 X(U)_Z(W)_R_F_；

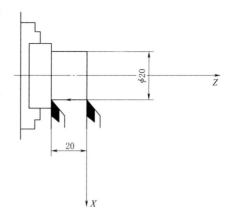

图 2-9　G01 指令举例

指令说明：刀具在指定平面内按给定的下进
给速度做圆弧运动，切削出圆弧轮廓。其中圆弧顺逆的判断方法是采用右手笛卡尔坐标
系，把 Y 轴方向考虑进去，观察者从 Y 轴正方向向 Y 轴负方向看去，顺时针方向用 G02，
逆时针方向用 G03（图 2-10）。

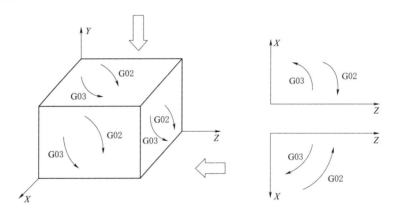

图 2-10　圆弧方向判断

其中，X、Z：绝对编程时，圆弧终点在工件坐标系中的坐标。

U、W：增量编程时，圆弧终点相对于圆弧起点的位移量。

I、K：圆心相对于圆弧起点的增量（等于圆心的坐标减去圆弧起点的坐标），在绝
对、增量编程时都是以增量方式指定，在直径、半径编程时 I 都是半径值。

R：圆弧半径，取小于 180°的圆弧部分，同时编入 R 与 I、K 时，R 有效。

F：被编程的两个轴的合成进给速度。

使用圆弧插补指令，可以用绝对坐标编程，也可以用相对坐标编程。指令中字母的含
义，如图 2-11 所示。

四、螺纹切削（G32）

G32 用于加工内、外圆柱螺纹和圆锥螺纹、端面螺纹、单头螺纹和多头螺纹。

（1）指令格式：G32 X(U)_Z(W)_F(I)_；

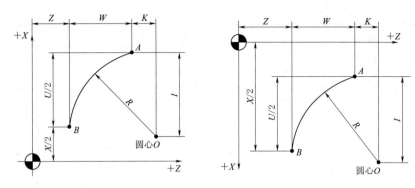

图 2-11　G02、G03 参数说明

（2）指令功能：刀具的运动轨迹是从起点到终点的一条直线，从起点到终点位移量（X 轴按半径值）较大的坐标轴称为长轴，另一个坐标轴称为短轴，运动过程中主轴每转一圈长轴移动一个螺距，短轴与长轴作直线插补，刀具切削工件时，在工件表面形成一条等螺距的螺旋切槽，实现等螺距螺纹的加工。F、I 指令分别用于给定公制、英制螺纹的螺距，执行 G32 指令可以加工公制或英制等螺距的直螺纹、锥螺纹和端面螺纹：

1）起点和终点的 X 坐标值相同（不输入 X 或 U）时，进行直螺纹切削。

2）起点和终点的 Z 坐标值相同（不输入 Z 或 W）时，进行端面螺纹切削。

3）起点和终点 X、Z 坐标值都不相同时，进行锥螺纹切削。

（3）G32 为模态 G 指令，其中：

1）X、Z：为绝对编程时，有效螺纹终点在工件坐标系中的坐标。

2）U、W：为增量编程时，有效螺纹终点相对于螺纹切削起点的位移量。

3）F：螺纹导程，即主轴每转一圈，刀具相对于工件的进给值。

4）I：每英寸螺纹的牙数（0.06～25400 牙/in），为长轴方向 1in（25.4mm）长度上螺纹的牙数，也可理解为长轴移动 1in（25.4mm）时主轴旋转的圈数。I 指令值执行后不保持，每次加工英制螺纹都必须输入 I 指令字。

螺纹车削加工为成形车削，且切削进给量较大，刀具强度较差，一般要求分几次进给加工。表 2-4 所列为常用螺纹切削的进给次数与背吃刀量推荐值。

表 2-4　　　　　　　　　常用螺纹切削的进给次数与背吃刀量

公　制　螺　纹							
螺距/mm	1	1.5	2	2.5	3	3.5	4
牙深（半径量）/mm	0.649	0.974	1.299	1.624	1.949	2.273	2.598
切削次数及背吃刀量（直径量）/mm　　1 次	0.7	0.8	0.9	1.0	1.2	1.5	1.5
2 次	0.4	0.6	0.6	0.7	0.7	0.7	0.8
3 次	0.2	0.4	0.6	0.6	0.6	0.6	0.6
4 次		0.16	0.4	0.4	0.4	0.6	0.6
5 次			0.1	0.4	0.4	0.4	0.4
6 次				0.15	0.4	0.4	0.4

公 制 螺 纹							
切削次数及背吃刀量（直径量）/mm	7次				0.2	0.2	0.4
	8次					0.15	0.3
	9次						0.2

英制螺纹							
牙/in	24	18	16	14	12	10	8
牙深（半径量）/mm	0.678	0.904	1.016	1.162	1.355	1.626	2.033
切削次数及背吃刀量（直径量）/mm 1次	0.8	0.8	0.8	0.8	10.9	1.0	1.2
2次	0.4	0.6	0.6	0.6	0.6	0.7	0.7
3次	0.16	0.3	0.5	0.5	0.6	0.6	0.6
4次		0.11	0.14	0.3	0.4	0.4	0.5
5次				0.13	0.21	0.4	0.5
6次						0.16	0.4
7次							0.17

（4）注意事项。

1）螺纹从粗加工到精加工，主轴的转速应保持不变；否则，将发生"乱牙"现象。

2）在没有停止主轴的情况下，停止螺纹的切削将非常危险。

3）在螺纹加工中不使用恒定线速度控制功能。

4）在使用G32切削螺纹时，F指令用于指定螺纹的导程，此时操作面板上进给倍率按钮无效。

5）在螺纹切削时执行进给保持操作后，系统显示"暂停"、螺纹切削不停止，直到当前程序段后的第一个非螺纹切削程序段执行结束，才停止运动、程序运行暂停。

6）单程序段运行在螺纹切削时无效，在执行完当前程序段后的第一个非螺纹切削程序段后程序运行暂停。

7）系统复位、急停或驱动报警时，螺纹切削立即停止。

五、循环指令（G71、G72、G73、G90、G92、G75、G76）

在数控车床上对外圆柱、内圆柱、端面、螺纹等表面进行粗加工时，由于加工余量大，刀具往往要多次反复地执行相同的动作，才能去除全部余量，达到所要求的尺寸。于是在一个程序中可能会出现很多基本相同的程序段，造成程序元长。为了简化编程工作，数控系统提供不同形式的固定循环功能，以缩短程序段的长度，减少程序所占内存。

1. G71-内外圆粗车复合循环

G71是指数控车床加工技术指令中的内外径粗车复合循环指令。主要用于数控车床中，对轴向尺寸较长的外圆柱面或内孔面进行粗加工。该指令适用于采用毛坯为圆棒料，且粗车需多次走刀才能完成的阶梯轴零件。通过G71指令，可以高效地完成零件的粗加工过程，为后续的精加工打下良好基础。

指令格式。

（1）切削参数设定：G71 U(Δd)R(e)。

指令说明：

Δd：背吃刀量（每次切削深度），半径值，无正负号。这个值决定了每次切削时刀具切入工件的深度。

e：退刀量，半径值，无正负号。这个值决定了每次切削后刀具退出的距离，以避免刀具与已加工表面发生干涉。

（2）精加工路径指定：G71 P(ns)Q(nf)U(Δu)W(Δw)F(f)S(s)T(t)。

指令说明：

ns、nf：精加工轮廓程序段中开始段和结束段的段号。从 ns 到 nf 的程序段定义了精加工的路径和形状。

Δu：X 方向的精加工余量，直径值。这个值表示在 X 轴方向上需要为精加工留出的余量。加工外圆时为正，加工内孔时为负。

Δw：Z 方向的精加工余量。这个值表示在 Z 轴方向上需要为精加工留出的余量。

f、s、t：分别为粗加工时的进给量、主轴转速及所用刀具的编号。需要注意的是，在精加工时，如果 ns 到 nf 程序段之间设置 F、S、T，则以这些设置为准；如果没有，则按照 G71 中的设置执行。

如图 2-12 所示，G71 指令只需指定粗加工背吃刀量、精加工余量和精加工路线，系统便可自动给出粗加工路线和加工次数，完成各外圆表面的粗加工。图中 A 点为刀具循环起点，执行粗车循环时，刀具从 A 点移动到 C 点粗车循环结束后，刀具返回 A 点。

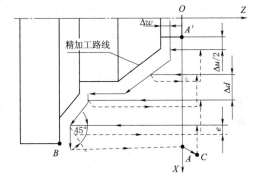

图 2-12 外圆粗车循环

（3）注意事项。

1）在 G71 指令的程序段内，要指定精加工工件时程序段的顺序号、精加工余量、粗加工的每次切深以及 F、S 和 T 功能。ns、nf 程序段中的 F、S、T 功能，即使被指定也对粗加工循环无效。

2）零件轮廓必须符合 X 轴、Z 轴方向同时单调增大或者减小。

3）在使用 G71 之前，应确保刀具已经定位到循环的起始位置。

2. G72-端面粗车循环

在 FANUC 系统中，G72 指令主要用于端面粗车循环，适用于长径比较小的盘类零件的端面粗车加工。G72 指令通常分为两行来编写，每行包含不同的参数和地址符，用于定义粗车循环的具体参数和精加工路径。

（1）指令格式。

G72 W(Δz)R(e)；

G72 P(ns)Q(nf)U(Δu)W(Δw)F(f)；

指令说明：该指令执行过程与 G71 基本相同，不同之处是其切削过程平行于 X 轴。

Δz：表示粗加工时 Z 轴每次移动的距离（每次切削深度），通常用于控制刀具在 Z 轴方向上的进给量。

e：表示 Z 轴方向的退刀量，是模态值，在下次指定前均有效。这个值决定了每次切削后刀具在 Z 轴方向上退出的距离，以避免刀具与已加工表面发生干涉。

ns：表示精加工形状程序段的第一个程序段的顺序号。

nf：表示精加工形状程序段的最后一个程序段的顺序号。从 ns 到 nf 的程序段定义了精加工的路径和形状。

Δu：表示 X 轴方向精加工余量的距离及方向（直径/半径指定）。这个值表示在 X 轴方向上需要为精加工留出的余量，加工外圆时为正，加工内孔时为负。

Δw：表示 Z 轴方向精加工余量的距离及方向。这个值表示在 Z 轴方向上需要为精加工留出的余量。

f：表示刀具进给速度，加工时可根据进给倍率进行调节。

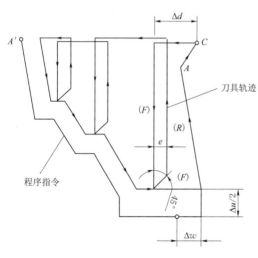

图 2-13 径向粗车复合循环路径

径向粗车复合循环适用于径向尺寸较大而轴向尺寸较小的盘类零件棒料毛坯的粗加工，走刀路径如图 2-13 所示。

（2）注意事项。

1）G72 循环通常用于外圆或内孔的粗加工，需要与精加工程序段配合使用。

2）在使用 G72 之前，应确保刀具已经定位到循环的起始位置。

3）虽然 G72 主要用于端面粗车，但工件在 Z 轴方向上的外形轮廓也应尽量保持单调性，以便于切削和退刀。

3. G73 -固定形状粗车循环

（1）指令格式。

G73 U(Δi)W(Δk)R(d);

G73 P(ns)Q(nf)U(Δu)W(Δw)F(f)S(s)T(t);

（2）指令说明。

Δi：X 轴方向毛坯切除余量（半径值）。

Δk：Z 轴方向毛坯切除余量。

d：粗切循环的次数（总余量除以切削深度）。

ns：精加工程序的开始段的段号。

nf：精加工程序的结束段的段号。

Δu：X 方向的精加工余量（直径值）。

Δw：Z 方向的精加工余量。

F：进给速度。

S：机床主轴转速。

T：刀具选择

封闭切削循环指令适用于毛坯轮廓形状与零件轮廓形状基本接近时的粗加工。例如，铸造、锻造、毛坯或半成品的粗加工，对零件轮廓的单调性没有要求。G73 也称为仿形加工，因为它的每次走刀都沿着零件的轮廓走刀，因此空走刀会比较多。

如图 2-14 所示，G73 指令只需指定粗加工循环次数、精加工余量和精加工路线，统会自动算出粗加工的背吃刀量，给出粗加工路线．完成各外圆表面的粗加工。

图中 A 为刀具循环起点，该点应距离零件 1～2mm。执行粗车循环时，刀具从 A 点移动到 C 点，粗车循环结束后，刀具返回 A 点。

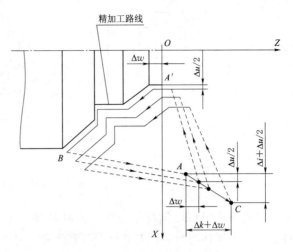

图 2-14　固定形状粗车循环

（3）注意事项。

1）精车循环指令 G70 的循环起点应与 G73 指令循环起点相同。

2）精车循环指令 G70 应与 G73 指令配合。

3）精加工时，G73 程序段中的 F、S、T 指令无效，只有在精车循环 G70 状态下，NS-NF 程序段中的 F、S、T 才有效。

4. G90-外圆/内孔车削循环

对于加工余量较大的毛坯，刀具常常反复执行相同的动作，需要编写很多相同或相似的程序段时，为了简化程序，缩短编程时间，用一个或几个程序段指定刀具做反复切削动作，这就是循环指令的功能。

G90 指令为外圆及内孔车削循环指令。

如图 2-15 所示，加工一个轮廓表面需要 4 个动作：①快速进刀（相当于 G00 指令）；②进给（相当于 G01 指令）；③退刀（相当于 G01 指令）；④快速返回（相当于 G00 指令）。

简单固定循环指令用一个程序段完成上述①～④的加工操作，从而简化编程。

（1）G90 外圆车削循环。

指令格式：G90 X(U)_Z(W)_R_F_；

指令说明：表示圆柱车削循环，进给轨迹如图 2-16 所示，当刀具在 A 点（循环起点）定位后，执行 G90 循环指令，则刀具由 A 点以 G00 方式径向移动至 B 点，再以 G01 方式沿轴向切削进给至 C 点（切削终点），再切削至 D 点，最后以 G00 方式返回 A 点，完成一个循环切削。

其中，X、Z 是圆柱面切削终点的绝对坐标值；U、W 是柱面切削终点相对于循环起点的增量坐标值。

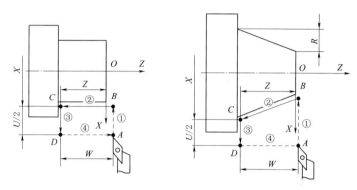

图 2-15 外圆车削循环和圆锥面车削循环

注意：使用 G90 循环指令前，刀具必须先定位至循环起点，再执行循环切削指令，且完成一个循环切削后，刀具仍要回到此循环起点。该点的位置一般宜选择在离开工件或毛坯 1～2mm 处。

（2）G90 圆锥面车削循环。

指令格式：G90 X(U)_Z(W)_R_F_;

指令说明：指令的运动轨迹如图 2-17 所示，类似于圆柱车削循环。其中，X(U)、Z(W) 含义与圆柱车削循环指令相同；R 为圆锥起点与终点的半径之差，带正、负号，即锥面起点坐标大于切削终点坐标时为正，反之为负。

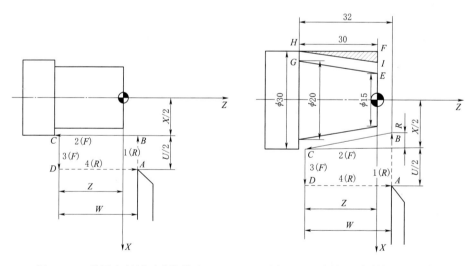

图 2-16 外圆车削循环进给轨迹   图 2-17 圆锥面车削循环进给轨迹

注意：锥体循环车削时，循环起点一般应选在离工件 X 向 1～2mm、Z 向 1～2mm 处。但此时要注意 R 值的计算，如图 2-17 所示，若 Z 向起点在 $Z2.0$ 上，为了避免产生锥度误差，应在锥度的延长线上起刀，此时 $R \neq 7.5 - 10 = -2.5$，而是 $R = -\dfrac{20-15}{2} \times 32/30 = -2.667$。

对于锥面加工的背吃刀量，应参照最大加工余量来确定，即以图 2-17 中的 EF 段的长度来进行平均分配。如果按 GH 段长度分配背吃刀量的大小，则在加工过程中第一次循环开始处的背吃刀量过大，如图中 HIF 区域所示，即此时切削开始处的背吃刀量为 2.5mm。

5. G92-螺纹切削循环

(1) 指令格式。

1) 直线螺纹切削循环：G92 X(U)___ Z(W)___ F ___;

2) 锥螺纹切削循环：G92 X(U)___ Z(W)___ R ___ F ___;

(2) 指令说明。

X(U)___：X 代表螺纹终点在 X 轴上的绝对坐标值，U 代表螺纹起点到终点的 X 轴增量值。

Z(W)___：Z 代表螺纹终点在 Z 轴上的绝对坐标值，W 代表螺纹起点到终点的 Z 轴增量值。

R ___（仅锥螺纹）：表示锥螺纹大端和小端的半径差。若工件锥面起点坐标大于终点坐标时，R 后的数值符号取正，反之取负。如果加工圆柱螺纹，则 $R=0$，此时可以省略。

F ___：表示导程值，即螺纹的螺距或每转进给量。

螺纹切削循环指令用于完成圆柱螺纹、圆锥螺纹的切削固定循环，如图 2-18 所示。

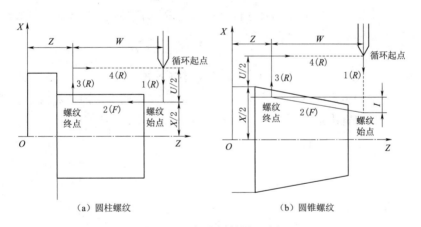

(a) 圆柱螺纹　　　　　　　　(b) 圆锥螺纹

图 2-18　螺纹切削循环路径

(3) 注意事项。

1) G92 指令可以基于绝对坐标（X，Z）或相对坐标（U，W）进行编程，具体取决于程序的上下文和编程习惯。

2) G92 指令是一个模态代码，但在某些情况下，它可能会被后续的螺纹切削指令或其他模态代码所取代。

3) 在设置 F 值时，需要确保它与主轴转速相匹配，以获得正确的切削速度和表面质量。

4) 在使用 G92 指令进行螺纹切削时，需要确保机床和刀具的状态良好，并按照正确的操作规程进行加工，以避免发生安全事故。

6. G75-外径切槽循环

（1）指令格式。

G75 R(e)；

G75 X(U)Z(W)P(△i)Q(△k)R(△d)F(f)；

（2）指令说明。

$R(e)$：退刀量，表示每次切削完成后刀具的退刀距离。该值是模态值，影响后续切削循环。

$X(U)$：X 轴坐标或增量值。X 表示切槽循环终点的 X 坐标值；U 表示从循环起点到终点的 X 轴增量值。

$Z(W)$：Z 轴坐标或增量值。Z 表示切槽循环终点的 Z 坐标值；W 表示从循环起点到终点的 Z 轴增量值。在切断加工中，$Z(W)$ 或 $Q(△k)$ 的值可以设为 0 或省略，表示刀具仅在直径方向进给。

$P(△i)$：X 方向的切削深度（半径值），表示每次切削时刀具在 X 方向上的进给量。

$Q(△k)$：Z 方向的移动量，表示刀具在完成一次径向切削后，在 Z 方向上的移动距离。在切断加工中，该参数可以省略或设为 0。

$R(△d)$：切削至底部的退刀量，表示刀具在切削到槽底后，沿径向的退刀距离。

$F(f)$：进给速度，表示切削时的进给速度。

G75 是一种在数控车床编程中使用的循环指令，它用于外径（外圆）粗加工。G75 循环通常用于在几个固定的切削深度内进行粗加工，适用于那些需要以多个切削行程来去除材料的加工任务如图 2-19 所示。

（3）注意事项。

1）如图 2-20 所示，G75 循环的切削区域由两个部分组成：一是由刀具起点与最终切削槽的角点决定的矩形区域，二是与刃宽相等的槽。可见，切削区域大小由刀具起点、槽最终角点、刀具刃宽决定。

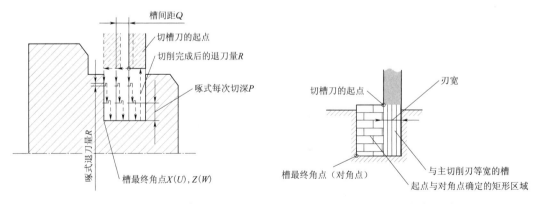

图 2-19 外径切槽循环路径　　　　　图 2-20 切削区域

2）G75 循环执行完毕之后，刀具的刀位点重回到刀具起点。G75 循环的刀具起点选择要慎重，X 向位置的选择要保证刀具与工件有一定的安全间隙，Z 向位置与槽右侧相差一个刃宽。

7. G76 -螺纹切削复合循环

(1) 指令格式。

G76 P(m)(r)(a)Q(Δdmin)R(d);

G76 X(U)__ Z(W)__ I __ K __ D __ F __;

(2) 指令说明。

$P(m)$：表示精加工重复次数。这是指螺纹精加工过程中的循环次数，用于提高螺纹的加工精度。

r（可选）：表示斜向退刀量单位数，或螺纹尾端倒角值。在某些系统中，此参数可能用于控制退刀过程中的斜向移动量，以优化加工效果。但请注意，并非所有 FANUC 系统版本的 G76 指令都包含此参数。

a（可选）：表示刀尖角度。这是刀具刀尖的角度值，用于匹配不同形状的螺纹槽。在 G76 指令中，此参数可能不是必需的，因为它可能由刀具本身的设计决定。

$Q(\Delta d_{min})$：表示最小切入量或最小切削深度。这是每次切削循环中刀具切入工件的最小深度，用于控制切削量和加工精度。

$R(d)$：表示精加工余量。这是螺纹精加工后保留的余量，用于确保螺纹的尺寸精度和表面质量。

$X(U)$__、$Z(W)$__：表示螺纹切削的终点坐标。X 和 Z 是绝对坐标值，而 U 和 W 是相对于循环起点的增量坐标值。用户可以根据需要选择使用绝对坐标或增量坐标。

I：表示锥螺纹的半径差（如果加工的是锥螺纹）。对于圆柱螺纹，此参数可以省略或设为 0。

K：表示螺牙的高度（半径值）。是螺纹牙形的径向高度，用于控制螺纹的牙型和尺寸。

D（在某些版本中可能不存在）：在某些特定版本的 G76 指令中，D 可能表示第一次进给的背吃刀量（半径值）。但请注意，并非所有 FANUC 系统都支持此参数。

F：表示螺纹的导程或螺距。这是螺纹每转一圈沿轴向移动的距离，是螺纹加工中的关键参数。

螺纹切削复合循环指令用于多次自动循环车螺纹，其切削轨迹沿螺纹单侧牙型面进刀，有利于改善刀具的切削条件，如图 2-21 所示。

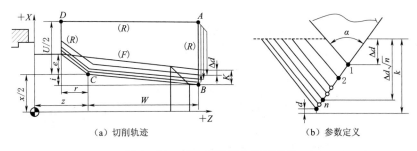

（a）切削轨迹　　　　　　　（b）参数定义

图 2-21　螺纹切削复合循环路径

(3) 注意事项。

1) 在使用 G76 指令进行螺纹加工时，需要根据具体的加工要求和工件材料选择合适的刀具、切削速度和进给量。

2）参数的设置应合理且准确，以确保加工精度和效率。

3）在编写程序时，应注意各个参数之间的关系和相互影响，避免产生冲突或错误。

思 考 与 练 习

1. 一个完整的程序由哪些部分组成？

2. 机床坐标系与工件坐标系的区别是什么？

3. 机床原点、机床参考点和工件坐标系的区别是什么？

4. 程序段中地址字 O、T、S、M，分别表示什么功能？

5. T 功能 T0402 中，04 和 02 分别表示什么意思？

6. 如何区分圆弧的顺逆？

7. 使用 G32 指令程序时，需要注意哪些事项（3 条）？

8. 写出 5 个循环指令，并写出其指令格式。

模块三 零件检测

导言

在当今快速发展的制造业中，数控车床凭借其高精度、高效率和高自动化的特点，已成为金属加工领域不可或缺的工具。数控车床能够加工出复杂形状的零件，满足现代工业对产品精度和质量的严格要求。然而，无论数控车床的加工技术多么先进，零件的最终质量仍然需要通过严格的检测来确保。

零件检测是整个生产过程中的关键环节，它不仅关系到产品的安全性和可靠性，也是企业质量控制和持续改进的重要手段。随着技术的进步，传统的检测方法正在逐渐被现代化、自动化的检测技术所取代，这些技术能够提供更精确的数据，帮助企业优化生产流程，提高产品质量。

本模块将深入探讨数控车的零件检测，主要介绍游标卡尺、外径千分尺、内径百分表、螺纹环规和塞规、测高仪、三坐标测量机这六大类检测仪器，旨在为读者提供一个全面的数控车零件检测视角。通过本模块的学习，读者将能够理解检测的重要性，掌握各种检测工具和方法，并了解如何通过检测来提升产品质量和生产效率。

在精密的数控加工世界里，每一个零件的完美呈现，都离不开精确的检测。让我们一同走进数控车零件检测的世界，探索那些确保每一个零件精度和质量的科学和技术。

学习目标

通过本模块的学习，在知识、技能、素养 3 个层面应达到如下目标。

1. 知识目标

(1) 了解六类测量仪器的基本构造及分类。

(2) 了解六类测量仪器的工作原理。

2. 技能目标

(1) 能够自主使用仪器完成对零件的测量与读数。

(2) 掌握六类测量仪器的使用注意事项及维护保养。

3. 素养目标

(1) 严格遵守操作规程和安全规范，确保检测过程的安全和准确。

(2) 培养认真负责的学习与工作态度，追求高精度和高质量的工作成果。

任务一 认 识 量 具

一、游标卡尺

游标卡尺，是一种测量长度、内外径、深度的量具（图 3-1），具有结构简单、

图 3-1 游标卡尺

使用方便、测量范围大、测量精度高的特点。

游标卡尺由主尺和附在主尺上能滑动的游标两部分构成。若从背面看，游标是一个整体。游标与尺身之间有一弹簧片，利用弹簧片的弹力使游标与尺身靠紧。游标上部有一紧固螺钉，可将游标固定在尺身上的任意位置。

在形形色色的计量器具家族中，游标卡尺作为一种被广泛使用的高精度测量工具，它是刻线直尺的延伸和拓展，它最早起源于中国。古代早期测量长度主要采用木杆或绳子，或用"迈步""布手"的手法，待有了长度的单位制以后，就出现了刻线直尺。这种刻线直尺在公元前 3000 年的古埃及和公元前 2000 年的我国夏商时代都已有使用，当时主要是用象牙和玉石制成，直到青铜刻线直尺的出现，这种"先进"的测量工具较多地应用于生产和天文测量中。

1. 基本构造

游标卡尺的结构由尺身（主尺）、内测量爪、紧固螺钉、深度尺、游标尺、外测量爪组成。游标卡尺结构如图 3-2 所示。

主尺一般以 mm 为单位，而游标上则有 10 个、20 个或 50 个分格，根据分格的不同，游标卡尺可分为十分度游标卡尺、二十分度游标卡尺、五十分度格游标卡尺等。十分度游标卡尺主长 9mm，二十分度游标卡尺主长 19mm，五十分度游标卡尺主长 49mm。

游标卡尺的主尺和游标上有两副活动量爪，分别是内测量爪和外测量

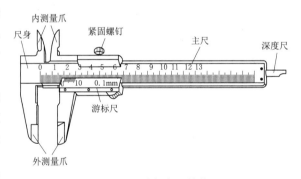

图 3-2 游标卡尺结构

爪，内测量爪通常用来测量内径，外测量爪通常用来测量长度和外径（图 3-3）。

游标上部有一紧固螺钉，可将游标固定在尺身上的任意位置。尺身和游标都有量爪，利用内测量爪可以测量槽的宽度和管的内径，利用外测量爪可以测量零件的厚度和管的外径。深度尺与游标尺连在一起，可以测槽和筒的深度（图 3-4）。

尺身和游标尺上面都有刻度。以准确到 0.1mm 的游标卡尺为例，尺身上的最小分度是 1mm，游标尺上有 10 个小的等分刻度，总长 9mm，每一分度为 0.9mm，比主尺上的最小分度相差 0.1mm。

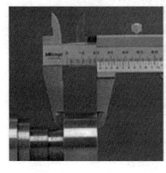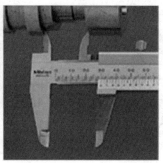

图 3-3　游标卡尺内外径测量　　　　图 3-4　游标卡尺深度测量

2. 分类

游标卡尺是一种常用的测量工具，主要用于测量物体的内外直径、长度、深度等尺寸。它因其操作简便、读数直观而在工业和工程领域得到广泛应用。

游标卡尺根据其设计和用途可以分为多种类型，以下是一些常见的分类方式。

（1）按精度分类。

十分度游标卡尺：精度为 0.1mm。

二十分度游标卡尺：精度为 0.05mm。

五十分度游标卡尺：精度为 0.02mm。

（2）按功能分类。

普通游标卡尺：用于基本的长度和宽度测量。

高度游标卡尺：用于测量高度或深度，又称为高度尺。

深度游标卡尺：专门用于测量盲孔、阶梯孔及凹槽等深度尺寸。

（3）按显示方式分类。

带表游标卡尺（附表卡尺）：使用指针和齿轮传动系统显示读数，提供快速准确的读数。

数显游标卡尺：具有数字显示屏，直接显示测量结果。

（4）按材料分类。

不锈钢游标卡尺：耐腐蚀，适用于恶劣环境。

其他钢制游标卡尺：可能使用不同等级的钢材制造。

（5）按结构分类。

单面卡尺：带有内外量爪，可以测量内侧尺寸和外侧尺寸。

双面卡尺：上量爪为刀口形外量爪，下量爪为内外量爪，可测量内外尺寸。

三用卡尺：结合了内外量爪和深度尺的功能。

二、外径千分尺

外径千分尺（outside micrometer），也称螺旋测微器，常简称为"千分尺"（图 3-5）。它是比游标卡尺更精密的长度测量仪器，精度有 0.01mm、0.02mm，0.05mm 几种，加上估读的 1 位，可读取到小数点后第 3 位（千分位），故称千分尺。

千分尺常用规格有 0~25mm、25~50mm、50~75mm、75~100mm、100~125mm 等若干种。

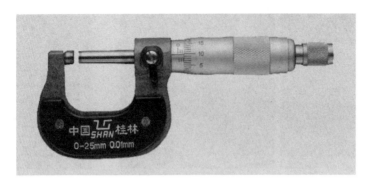

图 3-5 外径千分尺

1. 基本构造

外径千分尺的结构由固定的尺架、测砧、测微螺杆、固定套管、微分筒、快速驱动棘轮、调节螺母、隔热装置、锁紧装置等组成（图 3-6）。固定套管上有一条水平线，这条线上、下各有一列间距为 1mm 的刻度线，上面的刻度线恰好在下面二相邻刻度线中间。

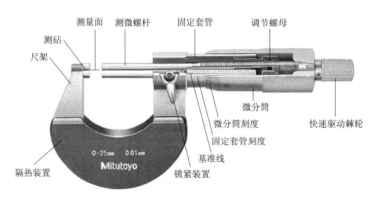

图 3-6 外径千分尺结构图

（1）尺架：尺架是千分尺的主体，通常由金属制成，为整个工具提供稳定的支撑。

（2）测砧：测砧是固定在尺架上的一个平面或尖头部件，作为测量物体时的参照点。

（3）测微螺杆：测微螺杆是一根螺钉，它与尺架相连，可以旋转以推动活动测头（测量爪）。

（4）固定套管：固定套管包裹在测微螺杆上，可以旋转以调整测量爪的位置。套管上通常有刻度，用于粗略测量。

（5）微分筒：微分筒是套在固定套管上的一个部件，上面有精细的刻度，用于精确测量。

（6）快速驱动棘轮：用于驱动测微螺杆快速接近测量面，在物体即将被夹紧时，通过棘轮调节，保证测量使用相同的力矩，从而限制测量力，保护千分尺。

（7）调节螺母：调节测微螺杆的反向间隙。

（8）隔热装置：测量时用于手持部分，可有效避免热量对千分尺产生变形。

（9）锁紧装置：锁紧装置用于固定测微螺杆的位置，以便在测量过程中读取测量值。

2. 工作原理

如图3-7所示，S 为固定刻度，H 为可动刻度。

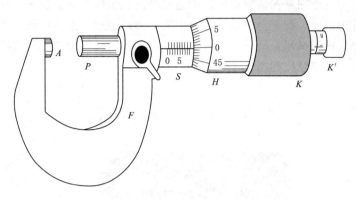

图 3-7 外径千分尺工作原理

（1）固定套管上的水平线上、下各有一列间距为1mm的刻度线，上侧刻度线在下侧二相邻刻度线中间。

（2）微分筒上的刻度线是将圆周分为50等分的水平线，它是做旋转运动的。

（3）根据螺旋运动原理，当微分筒旋转一周时，测微螺杆前进或后退一个螺距0.5mm。即，当微分筒旋转一个分度后，它转过1/5周，这时螺杆沿轴线移动了1/50×0.5mm＝0.01mm，因此，使用千分尺可以准确读出0.01mm的数值。

3. 分类

从读数方式上来看，常用的外径千分尺有普通式、带表式和电子数显式3种类型（图3-8）。

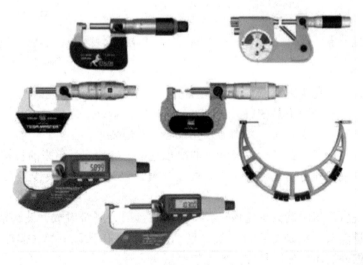

图 3-8 外径千分尺种类

三、内径百分表

内径百分表简称内径表，其实质是一种安装着百分表的专门测量内尺寸的表架（图 3-9）。它是一种常用比较法测量孔径、槽宽及其他几何形状误差的机械式量仪。

内径百分表有一个用来保证测量线位于通过被测孔轴线平面的装置，这一装置常被称为定位装置或称为护桥。有了定位装置，只需要在通过轴线的平面内摆动内径表，求出尺寸的最小值，即可得到被测直径。它一般分为带定心护桥及不带定心护桥两种。

内径百分表实物和规格如图 3-10 所示。

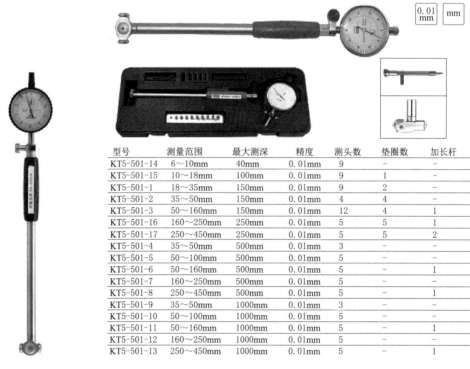

型号	测量范围	最大测深	精度	测头数	垫圈数	加长杆
KT5-501-14	6～10mm	40mm	0.01mm	9	–	–
KT5-501-15	10～18mm	100mm	0.01mm	9	1	–
KT5-501-1	18～35mm	150mm	0.01mm	9	2	–
KT5-501-2	35～50mm	150mm	0.01mm	4	4	–
KT5-501-3	50～160mm	150mm	0.01mm	12	4	1
KT5-501-16	160～250mm	250mm	0.01mm	5	5	1
KT5-501-17	250～450mm	250mm	0.01mm	5	5	2
KT5-501-4	35～50mm	500mm	0.01mm	3	–	–
KT5-501-5	50～100mm	500mm	0.01mm	3	–	–
KT5-501-6	50～160mm	500mm	0.01mm	5	–	1
KT5-501-7	160～250mm	500mm	0.01mm	5	–	–
KT5-501-8	250～450mm	500mm	0.01mm	5	–	1
KT5-501-9	35～50mm	1000mm	0.01mm	3	–	–
KT5-501-10	50～100mm	1000mm	0.01mm	3	–	–
KT5-501-11	50～160mm	1000mm	0.01mm	5	–	1
KT5-501-12	160～250mm	1000mm	0.01mm	5	–	–
KT5-501-13	250～450mm	1000mm	0.01mm	5	–	1

图 3-9 内径百分表　　　　　　图 3-10 内径百分表实物和规格

1. 基本构造

内径百分表的结构主要是指它的表架部分。为了保证测量孔径时测量线通过孔径中心，所测值是孔的直径而不是弦。为此，表架结构应包括以下部分。

（1）定心装置：即测孔时，自动通过孔中心的专用装置。

（2）测量装置：即将孔径（内尺寸）的变化量，正确地测量出来的机构。

（3）传动装置：即将内孔（内尺寸）的变化量，经过 90% 转换传至百分表进行读数的机构。

内径百分表所采用的读数头应该具有反向刻字盘因为测量时放开测头表示尺寸增大，所以在许多测量表头，特别是百分表的分度刻度盘上具有双重字盘（按钟表指针方向）；顺时针方向的供外测用；逆时针方向的供内测用。

2. 工作原理

内径百分表的工作原理基于杠杆放大原理。当测量杆在孔内移动时，会通过杠杆系统将微小的位移放大，并显示在表头的刻度盘上。刻度盘上的每一格通常代表 0.01mm 的变化，因此它可以非常精确地测量孔径。

内径百分表广泛应用于机械加工、模具制造和质量检测等领域，是测量孔径和孔的形状误差的重要工具。

四、螺纹环规和塞规

螺纹规又称螺纹通止规、螺纹量规，是用于检验螺纹质量的两种不同类型的测量工具，它们分别用于外螺纹和内螺纹的检验。主要分为螺纹环规和螺纹塞规两种。

1. 螺纹环规

螺纹环规如图 3-11 所示。

（1）用途：用于检验外螺纹的尺寸和形状，确保其符合特定的标准。

（2）设计：它是一个环形工具，内部加工有精确的螺纹，这些螺纹的规格与需要检验的外螺纹完全一致。

（3）检验方式：通过将待测的外螺纹部分旋入环规的内螺纹，以此来评估螺纹的匹配度和旋合程度。

（4）类型：螺纹环规有多种型号，适用于不同类型的螺纹，包括公制、英制、统一螺纹标准（UN/UNR）等，以满足各种尺寸需求。

2. 螺纹塞规

螺纹塞规如图 3-12 所示。

图 3-11　螺纹环规

图 3-12　螺纹塞规

（1）用途：主要用于验证内螺纹的尺寸精度和形状是否满足特定的工业标准。

（2）设计：通常是一个带有外螺纹的塞子状工具，具有精确加工的外螺纹，这些外螺纹的规格与需要检测的内螺纹相对应。

（3）检验方式：通过将塞规的外螺纹插入待测的内螺纹孔中，评估螺纹的旋合质量，包括紧密度和旋入深度。

（4）类型：根据螺纹的种类（例如公制、英制、特殊螺纹等）和所需尺寸，螺纹塞规有多种不同的规格可供选择。

目前主要使用螺纹塞规，螺纹塞规的结构如图 3-13 所示。

五、测高仪

测高仪是一种高精度的测量工具，主要用于精确测定物体的垂直高度或深度（图 3-14）。它具备高分辨率，能够快速提供准确的测量数据。广泛应用于机械制造、建筑工程、精密工程以及地理测绘等领域，确保尺寸精度符合设计和质量标准。测高仪的操作简便，用户界面直观，易于实现高效的测量作业。

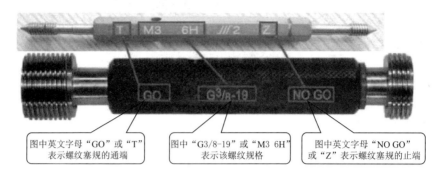

图中英文字母"GO"或"T"表示螺纹塞规的通端

图中"G3/8-19"或"M3 6H"表示该螺纹规格

图中英文字母"NO GO"或"Z"表示螺纹塞规的止端

图 3-13 螺纹塞规的结构

1. 基本构造

测高仪的基本构造通常包括底座、立柱、测量头、刻度尺或显示屏、微调机构、锁紧装置以及可能的照明设备等。现以 Digimar 测高仪为例，看看它由哪些部分组成（图 3-15）。

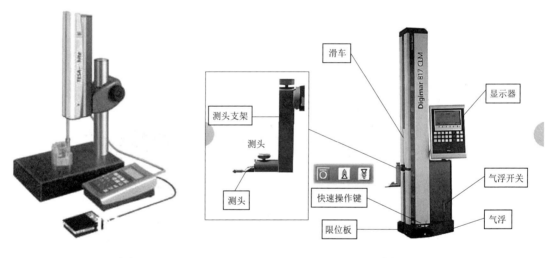

图 3-14 测高仪   图 3-15 测高仪的结构

2. 工作原理

测高仪的发射装置通过天线以一定的脉冲重复频率发射调制后的压缩脉冲，经反射后，由接收机接收返回的脉冲，并测量发射脉冲的时刻与接收脉冲的时刻的时间差。根据此时间差及返回的波形，便可以测量出距离。

高精度测高仪一般采用脉冲法和相位法两种方式来测量距离。

脉冲法测距过程：测距仪发射出的激光经被测量物体的反射后又被测距仪接收，测距仪同时记录激光往返的时间。光速和往返时间的乘积的一半，就是测距仪和被测量物体之间的距离。脉冲法测量距离的精度是一般是在 $\pm 1\text{m}$ 左右。另外，此类测距仪的测量盲区一般是 5m 左右。

3. 分类

市场上测高仪的种类较多，无论是哪种测高仪，用户在使用过程中都需要根据设备的功能、精度和应用环境进行正确的选择。因此，在购买一台测高仪之前，需要对不同测高仪的优缺点、价格、可靠性等方面进行了解和比较，选择合适自己的测高仪。常见的有以下几种。

（1）光学测高仪：利用光学原理进行测量，通常配有显微镜和刻度尺。

（2）电子测高仪：采用电子传感器和数字显示技术，具有更高的精度和便捷性。

（3）激光测高仪：利用激光束进行测量，适用于远距离和难以接触的物体高度测量。

（4）机械测高仪：通过机械接触进行测量，适用于精密机械零件的高度测量。

六、三坐标测量机

三坐标测量机是一种精密的测量设备，它能够在一个六面体的空间范围内，对工件的几何形状、长度及圆周分度等进行高精度测量（图 3-16）。这种设备也被称为三坐标测量仪或三坐标量床。

三坐标测量机在机械、电子、仪表、塑胶等行业广泛使用。三坐标测量机是测量和获得尺寸数据的最有效的方法之一，因为它可以代替多种表面测量工具及昂贵的组合量规，并把复杂的测量任务所需时间从小时减到分钟，这是其他仪器而达不到的效果。

通常具备三个可移动的探测器，这些探测器可以在 3 个相互垂直的导轨上移动，通过接触或非接触的方式传递信号。位移测量系统（如光栅尺）配合数据处理器或计算机，可以计算出工件的各点坐标（X，Y，Z）以及进行尺寸精度、定位精度、几何精度和轮廓精度等各项功能的测量。

三坐标测量机的精度和稳定性是其核心性能指标，例如长度精度 MPEe 和探测球精度 MPEp 是衡量其精度的关键参数。三坐标测量机广泛应用于汽车、电子、机械、航空、军工、模具等行业，用于测量箱体、机架、齿轮等零件的尺寸和形状。

图 3-16 三坐标测量机

1. 基本构造

三坐标测量机是典型的机电一体化设备，它由机械系统和电子系统两大部分组成（图 3-17）。

（1）机械系统：一般由 3 个正交的直线运动轴构成。如图 3-17 所示结构中，X 向导轨系统装在工作台上，移动桥架横梁是 Y 向导轨系统，Z 向导轨系统装在中央滑架内。3 个方向轴上均装有光栅尺用以度量各轴位移值。人工驱动的手轮及机动、数控驱动的电机一般都在各轴附近。用来触测被检测零件表面的测头装在 Z 轴端部。

（2）电子系统：一般由光栅计数系统、测头信号接口和计算机等组成，用于获得被测坐标点数据，并对数据进行处理。

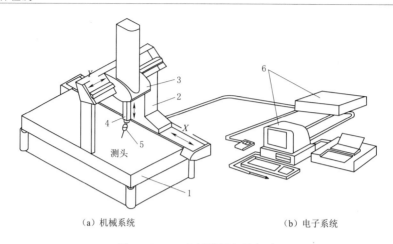

（a）机械系统　　　　　　　　　（b）电子系统

图 3-17　三坐标测量机的组成

1—工作台；2—移动桥架；3—中央滑架；4—Z 轴；5—测头；6—电子系统

三坐标测量机的机型结构多样，例如有三轴花岗岩、四面全环抱的德式活动桥式结构，传动方式可能采用直流伺服系统加预载荷高精度空气轴承。长度测量系统可能使用 RENISHAW 开放式光栅尺，具有 $0.1\mu\text{m}$ 的分辨率。此外，三坐标测量机的测头系统、机台材质、使用环境要求、空气压力和流量等都是影响其性能的重要因素。

2. 工作原理

三坐标测量机是基于坐标测量的通用化数字测量设备，它首先将各被测几何元素的测量转化为对这些几何元素上一些点集坐标位置的测量，在测得这些点的坐标位置后，再根据这些点的空间坐标值，经过数学运算求出其尺寸和形位误差。

如图 3-18 所示，要测量工件上一圆柱孔的直径，可以在垂直于孔轴线的截面内，触测内孔壁上 3 个点（点 1、点 2、点 3），则根据这 3 点的坐标值就可计算出孔的直径及圆心坐标 O1，如果在该截面内触测更多的点（1，2，…，n，n 为测点数），则可根据最小二乘法或最小条件法计算出该截面网的圆度误差。

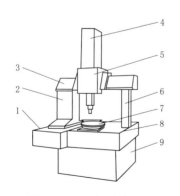

图 3-18　坐标测量原理

1—Y 轴传动；2—主立柱；3—X 轴传动；

4—Z 轴传动；5—滑架；6—副立柱；

7—旋转轴；8—工作台；9—底座

如果对多个垂直于孔细线的截面圆（1，2，…，m，m 为测量的截面网数）进行测量，则根据测得点的坐标值可计算出孔的圆柱度误差以及各截面圆的圆心坐标，再根据各圆心坐标值又可计算出孔轴线位置，如果再在孔端面 A 上触测一点，则可计算出孔轴线对端面的位置度误差。

由此可见，这一工作原理使得其具有很大的通用性与柔性，从原理上说，它可以测量任何工件的任何几何元素的任何参数。

3. 分类

三坐标测量机主要有以下 4 种分类方法。

（1）按技术水平分类。

1）数字显示及打印型：主要用于几何尺寸测量，

可显示并打印出测得点的坐标数据，但要获得所需的几何尺寸形位误差，还需进行人工运算，其技术水平较低，目前已基本被淘汰。

2）带有计算机进行数据处理型：技术水平略高，目前应用较多。其测量仍为手动或机动，但用计算机处理测量数据，可完成诸如工件安装倾斜的自动校正计算、坐标变换、孔心距计算、偏差值计算等数据处理工作。

3）计算机数字控制型：技术水平较高，可以像数控机床一样，按照编制好的程序自动测量。

（2）按测量范用分类。

1）小型坐标测量机：在其最长一个标轴方向（一般为 X 轴方向）的测量范围小于500mm，主要用于小型精密模具、工具和刀具等的测量。

2）中型坐标测量机：在其最长一个标轴方向上的测量范围为 $500\sim2000mm$，是应用最多的机型，主要用于箱体、模具类零件的测量。

3）大型坐标测量机：在其最长一个坐标轴方向上的测量范围大于 2000mm，主要用于汽车与发动机外壳、航空发动机叶片等大型零件的测量。

（3）按精度等级分类。

1）精密型 CMM：其单轴最大测量不确定度小于 $1\times10L$（L 为最大量程，单位为mm），空间最大测量不确定度小于 $(2\sim3)\times10L$，一般放在具有恒温条件的计量室内，用于精密测量。

2）中、低精度 CMM：低精度 CMM 的单轴最大测量不确定度在 $1\times10L$ 左右，空间最大测量不确定度为 $(2\sim3)\times10L$，中等精度 CMM 的单轴最大测量不确定度约为 $1\times10L$，空间最大测量不确定度为 $(23)\times10L$。这类 CMM 一般放在生产车间内，用于生产过程检测。

（4）按结构形式分类。

1）移动桥式：桥架可以在水平方向移动，适用于多种测量任务。

2）固定桥式：桥架固定，测量台沿导轨移动，适用于需要高精度的测量环境。

3）龙门式：具有较大的测量空间和良好的刚性，适合大型工件的测量。

4）悬臂式：结构紧凑，适合空间受限的测量环境。

5）立柱式：立柱提供稳定的支撑，适合需要高精度和高稳定性的测量任务。

每种类型的 CMM 都有其特定的应用场景和优势，用户应根据具体的测量需求、工件特性以及预算等因素进行选择。

任务二　量具使用方法及读数

一、游标卡尺使用方法及读数

1. 使用步骤

游标卡尺的读数方法通常包括以下几个步骤。

（1）清洁：在读数之前，确保主尺和游标尺的刻线干净无污，以免影响读数准确性。

（2）校准零点：在使用游标卡尺之前，首先确保游标卡尺的零点校准。将游标卡尺的测量面合拢，检查游标上的零刻度线是否与尺身上的零刻度线对齐。如果不对齐，需要进行调整。

（3）测量物体：将被测物体放置在游标卡尺的测量面上，确保物体与测量面接触良好，没有歪斜。

（4）观察主刻度：读取尺身上的主刻度，这是测量值的整数部分。主刻度通常以 mm 为单位。

（5）观察游标刻度：观察游标上的刻度，找到与尺身上的主刻度对齐的刻度线。

如果游标的刻度线正好与尺身上的主刻度线对齐，那么游标上的数值就是测量值的小数部分。

如果游标的刻度线没有正好对齐，找到最接近对齐的刻度线，并记住这个数值。

（6）读取微分刻度（如果适用）：一些游标卡尺具有微分刻度，可以提供更高的精度。在这种情况下，需要读取微分刻度上的数值，并将这个数值加到主刻度和游标刻度的读数上。

（7）组合读数：将主刻度的数值与游标刻度的数值相加，得到完整的测量值。如果有微分刻度，也要将微分刻度的数值加到总和中。

（8）记录测量值：将测量值记录下来，确保记录的格式清晰，包括单位。

（9）重复测量：为了确保测量的准确性，可以多次测量同一物体，并取平均值。

（10）清洁和保养：测量完成后，清洁游标卡尺，避免灰尘和污垢影响测量精度，并妥善存放。

正确的读数方法对于确保测量的准确性至关重要。不同类型的游标卡尺（如外径、内径、深度千分尺等）可能在具体操作上略有不同，但基本的读数原理是相同的。

2. 读数方法

读数时首先以游标零刻度线为准在尺身上读取毫米整数，即以"mm"为单位的整数部分。然后看游标上第几条刻度线与尺身的刻度线对齐，如第 6 条刻度线与尺身刻度线对齐，则小数部分即为 0.6mm（若没有正好对齐的线，则取最接近对齐的线进行读数）。如有零误差，则一律用上述结果减去零误差（零误差为负，相当于加上相同大小的零误差），读数结果为

$$L＝整数部分＋小数部分－零误差$$

判断游标上哪条刻度线与尺身刻度线对准，可用下述方法：选定相邻的 3 条线，如左侧的线在尺身对应线之右，右侧的线在尺身对应线之左，中间那条线便可以认为是对准了

$$L＝对准前刻度＋游标上第 n 条刻度线与尺身的刻度线对齐×分度值$$

如果需测量几次取平均值，不需每次都减去零误差，只要从最后结果减去零误差即可。

下面以图 3-19 所示 0.02 游标卡尺的某一状态为例进行说明。

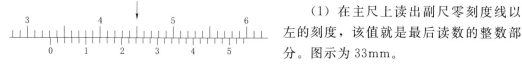

图 3-19 游标卡尺读数示例

（1）在主尺上读出副尺零刻度线以左的刻度，该值就是最后读数的整数部分。图示为 33mm。

（2）副尺上一定有一条与主尺的刻

线对齐，在副尺上读出该刻线距副尺的零刻度线以左的刻度的格数，乘上该游标卡尺的精度 0.02mm，就得到最后读数的小数部分。或者直接在副尺上读出该刻线的读数，图示为 0.24mm。

（3）将所得到的整数和小数部分相加，则得到总尺寸为 33.24mm。

3. 注意事项

（1）游标卡尺是比较精密的测量工具，要轻拿轻放，不得碰撞或跌落地下。使用时不要用来测量粗糙的物体，以免损坏量爪，避免与刃具放在一起，以免刃具划伤游标卡尺的表面，不使用时应置于干燥中性的地方，远离酸碱性物质，防止锈蚀。

（2）测量前应将游标卡尺清理干净，特别是两测量爪必须清洁，否则会影响测量精度。

（3）测量前必须对游标卡尺锁紧螺钉、游标的滑动情况、量爪的损伤情况进行检查。

（4）测量前必须对游标卡尺进行校零，将主副尺零点刻线对齐，表示误差为零。

（5）测量时，工件与游标卡尺要对正，测量位置要正确，两测量爪要与工件表面贴合，不能歪斜，并掌握好测量爪与工件接触面的松紧程度。在测量过程中应注意保护好量爪，避免因量爪损伤而造成测量误差。

（6）读数时，应把卡尺水平地拿着，朝着亮光的方向，使人的视线尽可能和卡尺的刻线表面垂直，不能斜视，以免由于视线的歪斜造成读数误差。

（7）由于游标卡尺的精度是小数点后面两位，故读数时必须要读到小数点后面两位，如 20.00mm，小数点后面的两个零都不能省掉。

（8）为了获得正确的测量结果，可以多测量几次。即在零件的同一截面上的不同方向进行测量。对于较长零件，则应当在全长的各个部位进行测量，务使获得一个比较正确的测量结果。

（9）测量完成后，必须及时将游标卡尺清洁后装入盒子内，严禁测量后随意乱扔造成游标卡尺的损坏。

4. 维护和保养

游标卡尺使用完毕，用棉纱擦拭干净。长期不用时应将它擦上黄油或机油，两测量爪合拢并拧紧紧固螺钉，放入卡尺盒内盖好。并根据使用情况，定期进行维护保养，包括清洁、润滑和检查各部件的相互作用。

二、外径千分尺使用方法及读数

1. 使用步骤

外径千分尺的测量方法如下（图 3-20）。

（1）将被测物擦干净，千分尺使用时轻拿轻放。

（2）松开千分尺锁紧装置，校准零位，转动旋钮，使测砧与测微螺杆之间的距离略大于被测物体。

（3）一只手拿千分尺的尺架，将待测

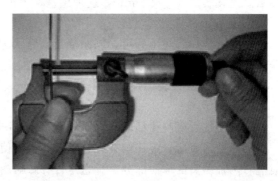

图 3-20　测量方法

物置于测砧与测微螺杆的端面之间，另一只手转动旋钮，当螺杆要接近物体时，改旋测力装置直至听到喀喀声后再轻轻转动 0.5～1 圈。

（4）旋紧锁紧装置（防止移动千分尺时螺杆转动），即可读数。

2. 读数方法

外径千分尺的读数方法如下（图 3-21）。

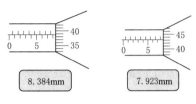

8.384mm

7.923mm

图 3-21 读数方法

（1）先以微分筒的端面为准线，读出固定套管下刻度线的分度值。

（2）再以固定套管上的水平横线作为读数准线，读出可动刻度上的分度值，读数时应估读到最小度的十分之一，即 0.001mm。

（3）如微分筒的端面与固定刻度的下刻度线之间无上刻度线，测量结果即为下刻度线的数值加可动刻度的值。

（4）如微分筒端面与下刻度线之间有一条上刻度线，测量结果应为下刻度线的数值加上 0.5mm，再加上可动刻度的值。

3. 正零误差判定

外径千分尺零误差的判定（图 3-22）：校准好的千分尺，当测微螺杆与测接触后，可动刻主上的零线与固定刻度上的水平横线应该是对齐的。如果没有对齐，测量时就会产生系统误差——零误差。如无法消除零误差，则应考虑它们的对读数的影响。

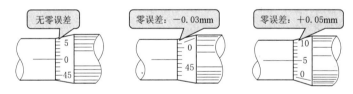

图 3-22 正零误差判定

（1）可动刻度的零线在水平横线上方，且第 x 条刻度线与横线对齐，即说明测量时的读数要比真实值小 $x/100$mm，这种零误差称为负零误差。

（2）可动刻度的零线在水平横线下方，且第 y 条刻度与横线对齐，则说明测量时的读数要比真实值大 $y/100$mm，这种误差称为正零误差。

4. 维护和保养

定期清洁和润滑千分尺，以保持其良好状态。避免在极端温度下使用或存放千分尺，防止变形或损坏。使用后将千分尺妥善存放，避免撞击或跌落。

三、内径百分表使用方法及读数

1. 使用步骤

（1）要按所要测孔径的基本尺寸与精度情况，选择内径表的规格与百分表的级别。

（2）选出表后，应仔细查看它是否有影响使用的缺陷，检查它的灵活程度，尤其应注意查看两种测头的球面部分，看它是否有影响测量的磨损。

（3）将百分表及表架擦净，把百分表装到表架的卡头内，使百分表的指针压缩一圈左右卡住，要求卡牢但又不被卡死。

（4）按所测尺寸选择可换测头，可换测头应安装调整到使活动测头在活动范围的中限

（5）校对零位。一般采用对表环规或量块附件来对零位。调零方法如下：

1）将表架放入样圈内或放入量块附件内，再把直管扶正，并沿轴平面摆动，找出表针的最高值（孔的最小值）。

2）转动表盘，对准"0"位，找好"0"位的表，要继续摆动几次，重复查看指针，看其是否仍然指"0"位，否则要继续调整，直至"0"位不变为止。

（6）测量孔径时，先将内径百分表的可换测头一端斜放入孔内，双手扶正直管，再按两个测头和直管所在的平面平行摆动表架，找出表针的最高点，该点的读数值就是所测孔与标准尺寸（对表环规或量块附件）的差值。这时如果指针仍然对"0"，说明所测的孔径与标准尺寸一致。假如针位顺时针离开"0"位，说明所测的孔小于标准尺寸（针位离"0"多少就是小多少）；假如针位逆时针离开"0"位，则说明孔径大于标准尺寸。

（7）测量孔径圆度误差时．应在径向平面内的多个位置上测量；测量孔径圆柱度误差时，应在孔径的径向平面及纵向轴平面的多处位置上测量。所得的最大值与最小值的差值，便是被测孔径的圆度误差或圆柱度误差。

（8）测量误差。除定心误差会造成测量误差外，当测量线与轴线不垂直时，还会因倾角 α 而引起测量误差 ΔD，其计算公式为：$\Delta D = D\alpha^2/2$，mm。

（9）内径百分表在测量过程中，要轻拿轻放，以防破坏调好的尺寸，更不能让活动测头受到剧烈的震动，用手按压活动测头时，不能用力过大，以防卡死。

（10）装卸百分表时，不许硬性地插入或被出，要先松开卡箍或紧固螺钉。

（11）内径百分表用完之后，应将表卸下，擦净各个零件，再放入包装盒内。长期不用时应涂抹防锈油。

2. 读数方法

外径千分尺由主刻度和微分筒两部分组成（图 3-23）。主刻度通常以"mm"为单位，而微分筒上的刻度则用于读取小数部分。

（1）读取主刻度：读取主刻度上对齐的整数部分，这是测量结果的整数部分。

（2）读取微分筒刻度：读取微分筒上与主刻度基准线对齐的刻度，这是测量值的小数部分。微分筒上的每个刻度代表一个更小的单位（例如 0.01mm），具体取决于百分表的精度。

（3）相加：将主刻度的整数部分和微分筒的小数部分相加，得到完整的测量结果。

例如，如果主刻度读数为 25mm，微分筒读数为 0.07mm，那么总的测量结果就是 25.07mm。

3. 注意事项

（1）装百分表时，应将测杆压缩 0.3mm 以上的量程，不允许硬地插入或拔出百分表。

（2）不能在机床还在转动时就去测量工件，以防测

图 3-23 外径千分尺读数

量人员发生危险和损坏量具，要在被测工件处于静态后进行。

（3）装可换测头时，根据孔的直径大小选取一个相应的尺寸测头并尽量使活动测头在活动范围内的中间位置，这样产生的误差最小。

（4）测量时，要轻拿轻放，以防破坏调整好的尺寸。

4．维护与保养

（1）远离液体，不使冷却液、切削液、水或油与内径表接触。

（2）在不使用时，要摘下百分表，使表解除其所有负荷，让测量杆处于自由状态。

（3）各工作部位不能加任何润滑油，以免影响各工作部位的相可作用和灵敏度，以致示值失准。

（4）成套保存于盒内，避免丢失与混用。

四、螺纹环规和塞规使用方法及读数

1．使用步骤

（1）选择螺纹规时，应选择与被测螺纹相匹配的规格。

（2）使用前，先清理干净螺纹规和被测螺纹表面的油污、杂质等。

（3）使用时，使螺纹规的通端（止端）与被测螺纹对正后，用大指与食指转动螺纹规或被测零件，使其在自由状态下旋转。

通常情况下（无被测零件的螺纹的图示说明时），螺纹规（通端）的通规可以在被测螺纹的任意位置转动通过全部螺纹长度则判定为合格否则为不合格品。在螺纹规（止端）的止规与被测蝶纹对正后，旋入螺纹长度在两个螺距之内止住为合格，不可强行用力通过，否则判为不合格品（图3-24）。

（4）检验工件时旋转螺纹规不能用力拧，用3只手指自然顺畅地旋转，止住即可，螺纹规退出工件最后一圈时也要自然退出，不能用力拔出螺纹规，否则会影响产品检验结果的误差，螺纹规的损坏。如图3-25（a）的操作方法是正确的，图3-25（b）的操作方法是错误的，无须手握。使用完毕后，及时清理干净螺纹规的通端（止端）的表面附着。

（a）通规通　　　　　　（b）止规止

图3-24　判定是否合格

（5）使用完毕后，及时清理干净螺纹规的通端（止端）的表面附着物，并存放在工具柜的量具盆内。

2．注意事项

（1）被测件螺纹公差等级及偏差代号必须与螺纹塞规标识公差等级、偏差代号相同，才可使用。

（2）只有当通规和止规联合使用，并分别检验合格，才表示被测螺纹合格。

（3）应避免与坚硬物品相互碰撞，轻拿轻放，以防止磕碰而损坏测量表面。

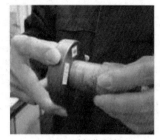（a）正确操作方法　　　　　（b）错误操作方法

图 3 - 25　操作方法

（4）严禁将螺纹规作为切削工具强制旋入螺纹，避免造成早期磨损。

（5）螺纹规使用完毕后，应及时清理干净测量部位附着物，存放在规定的量具盒内。

3. 维护和保养

（1）每月定期涂抹防锈油，以保证表面无锈蚀、无杂质（我们的螺纹规使用频繁且所处环境干净无需上油保护）。

（2）所有的螺纹规必须经计量校验机构校验合格后并在校验有效期内，方可使用。

（3）损坏或报废的螺纹规应及时反馈处理，不得继续使用。

（4）经校对的螺纹规计量超差或者达到计量器具周检期的螺纹规，由计量管理人员收回并作相应的处理。

五、测高仪使用方法及读数

1. 使用步骤

测高仪作为精密测量仪器，对其检定环境要求极其严格，温度、湿度、平板、块规都将影响其精度，正确的操作方法同样对保证精度的准确极其重要。在平时的仪器验收中，经常遇到用户反映测高仪精度不好这实际是检定方法不对造成的。

（1）基础校准：使用测高仪测量之前，必须对其进行基础校准。所谓的基础校准，是通过水平仪来保证仪器的基准水平。可以放置在平地上，在水平仪上可以看到两个气泡，分别代表纵向和横向水平。通过调整脚垫或铁脚来使气泡在两个方向上都保持在中间线位置，表示此测高仪在水平条件下。

（2）设置目标：在开始测高之前，必须设置目标。如果目标是一个远处的地标，在测高仪上使用望远镜来将其锁定。如果目标是一个竖直的墙壁，那么需要在墙上标记一个点，作为目标点。在测量过程中，操作人员需要保证，目标值保持在视野范围内，并且测量的目标必须要够稳定，不能随意移动。

（3）正式测量：当基础校准和目标设置完成后，可以正式开始测量。使用测高仪的望远镜瞄准目标并记录初始高度值。在这个过程中，需要通过微调来调整测量的方向和位置，确保测量精度。随着目标逐渐靠近，需要调整的次数会增加，同时也需要将直接读数记录下来。

（4）进一步处理高度差：在得到直接读数之后，需要对其进行简单的计算才能得到实际的高度差。具体方法是将直接读数减去基准高度的数值，并加上其他项如台阶、坡度的

效应等，最后得到实际高度差的测量值。

例如：取大理石平面为测量基准面，测标准块规测量 90mm 标准块规，得到数值 90.0052mm，这是为什么呢？因为测量方法不对。

正确的检验方法是利用测高仪的预设功能，测量标准块规，来确定测量基准面，以排除测量平板表面不平造成的影响，然后再测量其他标准块规。

方法如下：以 30mm 块规为例，先使用预设功能，预设零面为 30mm，可以考虑加上块规的修正值。再按 F2 进入预设功能，输入 30mm。然后按确认键，测量 30mm 块规，得到测量零基准面。最后测量 90mm 的标准块规，得到结果 90.0mm。

2. 注意事项

（1）定期校准：由于测高仪的工作精度取决于仪器的性能和操作准确性，因此，需要经常对仪器进行校准。如果测量出现了偏离正常范围的数据，可能就需要进行进一步的校准才能得到正确的结果。

（2）亏损电池的影响：使用测高仪的过程中，需要使用电池来为其供电。如果电池电量不足可能会导致误差的出现。因此，在使用前应该检查电池电量，并及时更换电池来保证测量的精度。

（3）使用时防潮：测高仪中的机械部件都是精密的，只有在干燥的条件下才能正常工作。因此，在使用时，需要注意将其存储在干燥的地方，避免严重潮湿的环境对测高仪造成损害。

（4）正确的操作：不正确的操作是影响测高仪工作效果的一个重要原因，例如视线不精确、没有经过妥善的调整、脚垫不稳定等。因此，在使用时，需要注意正确的操作技巧，确保仪器的准确、稳定和精度，以得到正确的结果。

总之，测高仪作为一种非常重要的测量仪器，其使用方法和注意事项都需要仔细地掌握。对于需要进行高度测量的行业来说，掌握测高仪的使用方法和技巧是非常必要的，这能够帮助用户更好地利用测高仪功能，提高仪器精度，并确保测量结果的准确性和可靠性。

3. 维护与保养

（1）定期清洁：使用干燥、柔软的布或专用的清洁工具轻轻清除测高仪表面的灰尘和污渍。对于测量头和刻度部分，使用无尘布或光学镜片纸轻轻擦拭，避免使用粗糙的材料，以防划伤。

（2）定期校准：根据使用频率和使用环境，定期进行校准，确保测量结果的准确性。

（3）润滑：对于测高仪的可动部件，如调节螺钉或导轨，定期使用适当的润滑剂进行润滑，以保持其顺畅运动。

六、三坐标测量机使用方法及读数

1. 使用步骤

（1）确定测量方案。

1）根据工件图纸的设计基准确定测量基准。

2）确定检测几何尺寸的项目和方式，可以通过直接检测尺寸、通过间接测量构造尺寸、通过几何元素之间的关系计算获得尺寸这 3 种方式。

3）确定各几何元素所需要输出的参数项目。

（2）测量过程。

1）开启气源：依次开启空压机、冷干检查气压是否在 0.4～0.5MPa 范围之内。如果不在此范围内则可通过气源调节阀调节。

2）开启计算机电源。

3）启动测量程序：双击屏幕图标出现 PC-DIMS 页面机器初始化：机器完成通信和坐标初始化。

4）进行测头管理：测头定义、测头校验、数据储存。

5）建立零件坐标系：定义 3 个相互垂直的坐标轴定义工件坐标系原点相对于机器坐标系原点的位置。

6）测量各元素。

7）计算并评价。

8）确定打印机及文件输出格式。

2. 注意事项

正确使用三坐标测量仪对其使用寿命、精度起到关键作用，应注意以下几个问题。

（1）工件吊装前，要将探针退回坐标原点，为吊装位置预留较大的空间；工件吊装要平稳，不可撞击三坐标测量仪的任何构件。

（2）正确安装零件，安装前确保符合零件与测量机的等温要求。

（3）建立正确的坐标系，保证所建的坐标系符合图纸的要求，才能确保所测数据准确。

（4）当编好程序自动运行时，要防止探针与工件的干涉，故需注意要增加拐点。

（5）对于一些大型较重的模具、检具，测量结束后应及时吊下工作台，以避免工作台长时间处于承载状态。

3. 维护与保养

三坐标测量机（CMM）的维护与保养是确保设备长期稳定运行和测量精度的关键。以下是一些基本的维护与保养措施。

（1）日常清洁：每天使用前和使用后，使用无尘布或医用脱脂棉蘸取无水酒精或航空汽油，擦拭各轴导轨面和工作台面，确保没有油污和灰尘。

（2）检查气压：确保测量机的气压正常（通常大于 0.5MPa），以保证气浮轴承和测头的正常工作。

（3）检查导轨：定期检查各轴导轨是否有新产生的划痕或损伤，并及时处理。

（4）清洁螺纹孔：使用吸尘器清除螺纹孔中的灰尘和污染物，以保持螺纹的完好状态。

（5）探针组件的维护：探针组件容易积聚灰尘和工件材料，需要小心清洁，避免使用强力导致损伤。清洁后，存放在安全的地方，避免污染。

（6）标准陶瓷球的清洁：使用不掉毛的抹布清洁标准陶瓷球，必要时使用清洁剂，但要确保没有清洁剂残留物。

（7）探针吸盘的保养：探针吸盘不使用时，应存放在无尘和干净的地方，避免污染。

（8）排水和检查过滤器：每天检查空压机和除湿机是否排水，以及各级过滤器是否有积水，必要时进行清洗或更换滤芯。

（9）环境控制：确保工作环境温度适宜且均衡，避免空调直吹测量机，保证测量环境的稳定。

（10）专业维修：当出现问题时，应联系专业人员进行维修，避免自行修理可能造成的进一步损害。

遵循这些维护与保养措施，可以延长三坐标测量机的使用寿命，保证测量的准确性和重复性。

思 考 与 练 习

1. 如下图所示的 3 把游标卡尺，它们的游标尺从左至右分别为 9mm 长 10 等分、19mm 长 20 等分、49mm 长 50 等分，它们的读数依次为 ＿＿ mm、＿＿ mm、＿＿ mm。

2. 使用千分尺测量金属丝的直径时，示数如下图所示，则金属丝的直径是 ＿＿ mm。

3. 内径百分表的读数由 ＿＿ 与 ＿＿ 部分组成。

4. 螺纹环规和塞规有什么区别，分别有什么功能？

5. 使用测高仪测量时需要注意哪些事项？简述 3 点。

6. 三坐标测量机有哪些主要的组成部分？

模块四 基本车削编程

导言

在数控车削领域，随着技术的不断进步，编程技能已成为实现高效、精准加工的关键。数控车床的高效性、精确性和自动化程度，使其在机械加工行业中扮演着不可或缺的角色。精通数控车削编程，是提升制造业竞争力、推动创新发展的基石。

本模块将引导读者深入数控车削编程的世界，通过 4 个车削编程任务，结合理论与实践，让读者分别掌握外圆加工、内孔加工、槽加工以及螺纹加工这 4 类基本编程知识。期望通过本模块的学习，不仅能够提升数控车削编程的专业技能，还能够增强解决实际加工问题的能力，为个人职业发展和企业的技术创新奠定坚实的基础。

学习目标

通过本模块的学习，在知识、技能、素养 3 个层面应达到如下目标。

1. 知识目标

(1) 了解不同加工工艺的特点。

(2) 了解零件加工的一般流程。

2. 技能目标

(1) 学习编程方法。

(2) 能够掌握零件加工的基本技能。

3. 素养目标

(1) 严格遵守操作规程和安全规范，确保加工过程的安全和准确。

(2) 学会在操作中保持耐心与细心。

任务一 外 圆 加 工

完成如图 4-1 所示简单外圆零件的加工，毛坯为 ϕ30mm 的棒料，材料为 45 号钢。

一、零件分析

1. 分析零件图

(1) 尺寸 ϕ30mm 的外表面不需要加工。

(2) 需要加工的表面有右端面和 ϕ25mm 的外圆表面。

2. 确定加工工艺

(1) 确定工艺路线：该零件分 4 个工序完成，车右端面—粗车 ϕ25mm 外圆—精车中

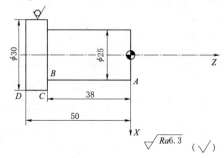

图 4-1 外圆加工零件

ϕ25mm 外圆—切断。

（2）选择装夹表面与夹具：装夹 30mm 棒料的外表面，使用自定心卡盘，棒料伸出卡盘长度为 70mm。

3. 选择刀具

（1）1 号刀为 90°外圆车刀，加工外圆和端面。

（2）2 号刀为切断刀，切断工件，选择左刀尖点作为刀位点，刀宽 4mm。

4. 确定切削用量

5. 设定工作点坐标

选取工件右端面的中心点为工件坐标系原点。

6. 计算各基点坐标

二、工作任务准备单

图纸编号：

一、材料准备		
材质	尺寸	数量

二、设备、刀具、工具、量具、其他				
分类	名称	尺寸规格	数量	备注
设备				
刀具				
工具				
量具				
其他				

三、数控车床刀具卡

数控车床刀具卡片			零件名称			图纸编号	
工步号	刀具号	刀具名称	刀片材料型号	刀具参数		刀补地址	
				刀尖半径	刀标规格	半径	形状

四、工作任务工序卡

图纸编号		夹具名称	
工件装夹方式（画图说明）			

工步号	工步内容	刀具号（规格）	切削用量		
			主轴转速 /(r/min)	进给速度 /(mm/min)	切削深度 /mm

五、工作任务程序卡

零件名称		图纸编号	

任务二　内　孔　加　工

完成如图4-2所示零件的试制。零件材料为LY12铝合金，毛坯尺寸为ϕ50mm×45mm。

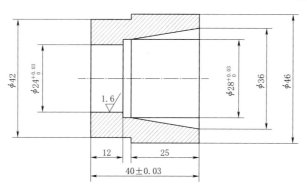

图 4-2　内孔加工零件

一、零件分析

（1）分析零件图。内轮廓加工较外轮廓车削而言，观察刀具切削情况比较困难，同时需要注意切屑和测量问题。

（2）确定加工工艺。

1）确定工艺路线：该零件分4个工序完成，车右端面—粗车ϕ25mm外圆—精车中ϕ25mm外圆—切断。

2）选择装夹表面与夹具：使用三爪自定心卡盘装夹工件，并采取必要的表面保护措施，避免夹伤。

（3）选择刀具。

1）1号刀为95°右手内孔车刀。

2）2号刀为端面车刀（刀尖角95°）。

3）ϕ20mm麻花钻。

（4）确定切削用量。

（5）设定工作点坐标。

1）第一次装夹：设工件的右端面中心为工件坐标系的原点。

2）第二次装夹：在控制总长尺寸后，设工件的左端面中心为工件坐标系的原点。

（6）计算各基点坐标。

二、工作任务准备单

图纸编号：

一、材料准备		
材质	尺寸	数量

二、设备、刀具、工具、量具、其他

分类	名称	尺寸规格	数量	备注
设备				
刀具				
工具				
量具				
其他				

三、数控车床刀具卡

数控车床刀具卡片				零件名称		图纸编号	
工步号	刀具号	刀具名称	刀片材料型号	刀具参数		刀补地址	
				刀尖半径	刀标规格	半径	形状

四、工作任务工序卡

图纸编号		夹具名称	

工件装夹方式（画图说明）

工步号	工步内容	刀具号 （规格）	切削用量		
			主轴转速 /(r/min)	进给速度 /(mm/min)	切削深度 /mm

五、工作任务程序卡

零件名称		图纸编号	

任务三 槽 加 工

完成如图 4-3 所示零件的试制。零件材料毛坯为 φ35mm 的棒料，材料为 45 号钢。

一、零件分析

（1）分析零件图。

1）加工 φ30mm 的外圆。

2）加工 3mm×4mm 的槽。

（2）确定加工工艺。

1）确定工艺路线。该零件分 4 个工序完成：车端面—粗车 φ30mm 的外圆—精车 φ30mm 的外圆—切槽。

2）选择装夹表面与夹具。装夹 φ35mm 棒料的外表面，使用自定心卡盘，棒料伸出卡盘长度为 50mm。

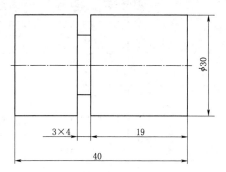

图 4-3 槽加工零件（单位：mm）

（3）选择刀具。

1）1 号刀为 90°外圆车刀，加工外圆和端面。

2）2 号刀为切槽刀，切槽，选择左刀尖点作为刀位点，刀宽为 3mm。

（4）确定切削用量。

（5）设定工作点坐标。选取工件右端面的中心点为工件坐标系原点。

（6）计算各基点坐标。

二、工作任务准备单

图纸编号：

一、材料准备		
材质	尺寸	数量

二、设备、刀具、工具、量具、其他				
分类	名称	尺寸规格	数量	备注
设备				
刀具				

续表

分类	名称	尺寸规格	数量	备注
刀具				
工具				
量具				
其他				

三、数控车床刀具卡

数控车床刀具卡片			零件名称			图纸编号	
工步号	刀具号	刀具名称	刀片材料型号	刀具参数		刀补地址	
				刀尖半径	刀标规格	半径	形状

数控车床刀具卡片			零件名称			图纸编号	
工步号	刀具号	刀具名称	刀片材料型号	刀具参数		刀补地址	
				刀尖半径	刀标规格	半径	形状

四、工作任务工序卡

图纸编号		夹具名称	

工件装夹方式（画图说明）

工步号	工步内容	刀具号 （规格）	切削用量		
			主轴转速 /(r/min)	进给速度 /(mm/min)	切削深度 /mm

五、工作任务程序卡

零件名称		图纸编号	

任务四　螺　纹　加　工

完成如图 4-4 所示的定位螺栓是一个典型的外螺纹零件，加工完成零件上的螺纹。已知毛坯为 ϕ40mm 的棒料，材料为 45 号钢。

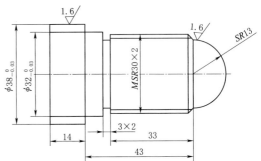

图 4-4　螺纹加工零件（单位：mm）

一、零件分析

（1）分析零件图。如图 4-4 所示，这是一个由外圆柱面、圆弧面、槽及螺纹构成的轴类零件。ϕ38mm、ϕ32mm 外圆柱面及 SR13mm 圆弧面（球面）加工精度较高，螺纹精度要求一般，零件材料为 45 号钢。考虑到装夹长度，毛坯尺寸为中 ϕ40mm×100mm。

（2）确定加工工艺。

1）确定工艺路线。该零件分 6 个工序完成：车削右端面—用复合循环粗车工件外轮面（余量为 0.5mm）—精车工件外轮廓面—切槽—车削 M30×2 螺纹—切断。

2）选择装夹表面与夹具。使用自定心卡盘，棒料伸出卡盘长度为 80mm。

（3）选择刀具。

1）1 号刀为 90°外圆车刀，用于粗、精车削加工。

2）2 号刀为切断刀，刀宽 3mm 用于切槽、切断等切削加工。

3）3 号刀为 60 外螺纹车刀，用于螺纹车削加工。

（4）确定切削用量。需要考虑加工精度要求并兼顾提高刀具寿命、机床寿命等因素。

（5）设定工作点坐标。编程坐标系原点定为工件右端面中心。

（6）计算各基点坐标。

二、工作任务准备单

图纸编号：

一、材料准备		
材质	尺寸	数量

二、设备、刀具、工具、量具、其他				
分类	名称	尺寸规格	数量	备注
设备				

分类	名称	尺寸规格	数量	备注
刀具				
工具				
量具				
其他				

三、数控车床刀具卡

数控车床刀具卡片				零件名称		图纸编号	
工步号	刀具号	刀具名称	刀片材料型号	刀具参数		刀补地址	
				刀尖半径	刀标规格	半径	形状

续表

数控车床刀具卡片				零件名称		图纸编号	
工步号	刀具号	刀具名称	刀片材料型号	刀具参数		刀补地址	
				刀尖半径	刀标规格	半径	形状

四、工作任务工序卡

图纸编号		夹具名称	
工件装夹方式（画图说明）			

工步号	工步内容	刀具号（规格）	切削用量		
			主轴转速/(r/min)	进给速度/(mm/min)	切削深度/mm

五、工作任务程序卡

零件名称		图纸编号	

思 考 与 练 习

选择下图所示零件加工所需的刀具，并编制数控加工程序。

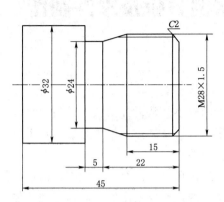
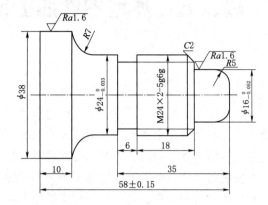

模块五 典型零件加工案例分析及零件制作

导言

在数控加工的世界里，每一个零件都有其独特的故事。从设计图纸到成品，每道工序都凝聚了工程师的心血和智慧。典型零件的加工案例分析及制作不仅是对数控技术应用的一次全面展示，也是对制造工艺深度理解的一次实践探索。

本模块将带领读者走进数控加工的神秘世界，通过典型零件的加工案例，揭示零件从概念到现实的转变过程。我们将一起探讨如何从零件的设计要求出发，制定合理的加工工艺路线，选择合适的刀具和切削参数，编制精确的数控程序，以及进行有效的加工操作和质量控制。旨在提升读者的机械加工知识和实践技能。

学习目标

通过本模块的学习，在知识、技能、素养 3 个层面应达到如下目标。

1. 知识目标

（1）了解不同材料的机械性能。

（2）能够准确解读典型零件的结构图纸。

2. 技能目标

（1）掌握与加工相关的设备和工具的操作方法。

（2）掌握典型零件加工过程中的质量检测方法和标准。

3. 素养目标

（1）在分析和制作过程中，形成系统的工程思维方式。

（2）遵循机械加工行业的职业规范和安全操作规程。

任务一 典型零件加工案例一

一、综合加工训练

本次实训旨在使学生熟练掌握以下内容。

1. 知识点掌握

（1）典型零件加工工艺的制定。

（2）典型零件数控加工程序的编制。

2. 技能点提升

（1）典型零件的加工工艺分析。

（2）典型零件的加工方法。

二、任务描述

加工如图 5-1 所示的零件。毛坯尺寸为 $\phi 50\mathrm{mm} \times 95\mathrm{mm}$，材料为 2A12。

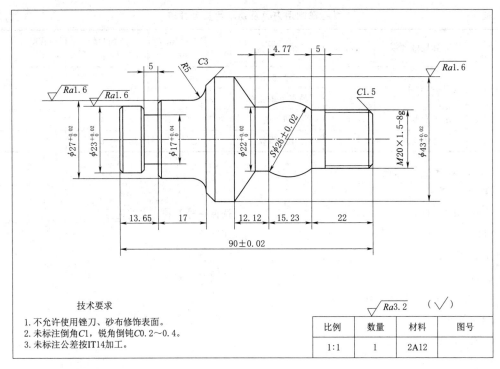

图 5-1　外圆综合加工训练任务图

三、任务分析

本任务的零件有外圆、圆弧面、外槽、螺纹等加工要求，是比较典型的复杂零件。通过本任务的实施，可以掌握复杂零件的加工方法。

四、任务实施

1. 制定加工方案

（1）以工件右端毛坯面作为装夹基准装夹共建，手动车削外圆与端面进行对刀。

（2）粗、精加工左端外圆轮廓，保证外圆 $\phi 23\mathrm{mm}$、$\phi 27\mathrm{mm}$、$\phi 43\mathrm{mm}$、粗糙度及其余相关的尺寸及公差要求。

（3）切宽 5mm，$\phi 17$ 的外圆槽并保证公差要求。

（4）工件调头装夹后校正，手动车削对刀，同时保证工件总长。

（5）粗、精加工右端外圆轮廓，保证外圆 $S\phi 26\mathrm{mm}$、$\phi 22\mathrm{mm}$、粗糙度及其余相关的尺寸及公差要求。

（6）粗、精加工外螺纹并保证尺寸精度。

2. 工件定位与装夹

工件采用三爪自定心卡盘进行装夹，在装夹（特别是调头装夹）过程中，一定要仔细对工件进行找正，以减小工件的位置误差。

3. 选择刀具及切削用量

选择刀具及切削用量见表 5 - 1。

表 5 - 1 数控车削用刀具及切削用量参数表

刀具号	刀具规格名称	数量	加工内容	主轴转速 /(r/min)	进给量 /(mm/r)	背吃刀量 /mm
T01	93°外圆车刀	1	粗车外圆轮廓	800	0.2	2
			精车外圆轮廓	1200	0.1	0.25
T02	3mm 外切槽刀	1	切外槽	600	0.1	
T03	外螺纹刀	1	车外螺纹	800	1.5	

4. 加工程序的编制

O0001；（左端外圆）

T0101M03S800；　　　　　　　　　　　选择一号刀具，主轴正转

M08；　　　　　　　　　　　　　　　　切削液开

G00X52Z1；　　　　　　　　　　　　　定位至循环点

G71U2R1；　　　　　　　　　　　　　　外圆粗车循环

G71P1Q2U0.5W0.1F0.2；

N1G0X19；　　　　　　　　　　　　　　外圆粗车循环轮廓开始

G1X23Z - 1F0.1；

Z - 13.65；

X27C1；

W - 17R5；

X43C3；

Z - 42；

N2G1X52；　　　　　　　　　　　　　　外圆粗车循环结束

G0X100Z100；　　　　　　　　　　　　退回至安全点，方便测量

T0101M03S1200；　　　　　　　　　　　外圆精车刀具选择、主轴正转

M08；

G0X52Z1；　　　　　　　　　　　　　　精车循环点

G70P1Q2；　　　　　　　　　　　　　　外圆精车循环指令

G0X100Z100；　　　　　　　　　　　　退回至安全点，方便测量

M30；　　　　　　　　　　　　　　　　程序结束并返回程序头

O0002；（切槽程序）

T0202M03S600；　　　　　　　　　　　选择二号刀具，主轴正转

M08；　　　　　　　　　　　　　　　　切削液开

G0X52Z1；　　　　　　　　　　　　　　定位到起始点

X30Z - 13.65；　　　　　　　　　　　　定位到切削起始点

G1X17.2F0.1;   切槽开始

X30;

W3;

X23

X21W－1;   倒角

X17;

Z－13.65;

X30;

G0X100;   退回至安全点

Z100;

M30;   程序结束并返回程序头

O0003;（右端外圆切削程序）

T0101M03S800;

G0X52X1;

G73U30R30;   成型加工复合循环指令

G73P1Q2U0.3W0.1F0.2;

N1G0X15;

G1X19.8Z－1.5F0.15;

Z－18;

X20;

W－5;

G03X22W－15.23R13;

G1W－4.77;

X43W－12.12;

N2G1X52;

G0X100Z100;   退回至安全点，方便测量

T0101M03S1200;   外圆精车刀具选择、主轴正转

M08;

G0X52Z1;   精车循环点

G70P1Q2;   外圆精车循环指令

G0X100Z100;   退回至安全点，方便测量

M30;   程序结束并返回程序头

O0004;（右端螺纹程序）

T0303M03S800;   选择螺纹刀具

M08;

G0X25Z5;   螺纹加工起始点

G92X19Z－18F1.5；	螺纹切削加工循环
X18.5；	
X18.2；	
X18.05；	
X18.05；	
G0X100Z100；	退回至安全点
M30；	程序结束并返回程序头

五、教学评价

评价方式采用自评、互评和教师点评三者结合的方式。从程序编制、加工质量、工序制定、现场操作规范等方面评价学生对程序编制及加工的掌握程度。工件配分权重表参考表 5－2。

表 5－2 　　　　　　　　　综合加工训练的配分权重表

序号	考核内容		配分	评分标准	检测结果	得分
1	程序编制		10	不正确不得分		
2		$\phi 23^{+0.02}_{0}$	6	超差 0.02 扣 1 分		
3		$\phi 27^{+0.02}_{0}$	6	超差 0.02 扣 1 分		
4		$\phi 43^{+0.02}_{0}$	6	超差 0.02 扣 1 分		
5		$\phi 17^{+0.04}_{0}$	6	超差 0.02 扣 1 分		
6		$S\phi 26\pm0.02$	6	超差 0.02 扣 1 分		
7	加工质量	$\phi 22^{+0.02}_{0}$	6	超差 0.02 扣 1 分		
8		$M30\times1.5-8g$	10	超差 0.02 扣 1 分		
9		13.65	3	超差 0.02 扣 1 分		
10		17	3	超差 0.02 扣 1 分		
11		5	3	超差 0.02 扣 1 分		
12		90 ± 0.02	6	超差 0.02 扣 1 分		
13		$C3$	1			
14		$C1.5$	1			
15		$R5$	1			
16		粗糙度 1.6	6	每处 2 分，超差一级不得分		
17	工序制定	选择刀具正确	5			
18		工序制定合理	5			
19	现场操作规范	工具正确使用	2			
20		量具正确使用	2			
21		刃具正确使用	2			
22		设备正确操作和维护保养	4			

任务二　典型零件加工案例二

一、综合加工训练

本次实训旨在使学生熟练掌握以下内容。

1. 知识点掌握

（1）典型零件加工工艺的制定。

（2）典型零件数控加工程序的编制。

2. 技能点提升

（1）典型零件的加工工艺分析。

（2）典型零件的加工方法。

二、任务描述

加工如图 5-2 所示的零件。毛坯尺寸为 $\phi50mm \times 50mm$，材料为 2A12。

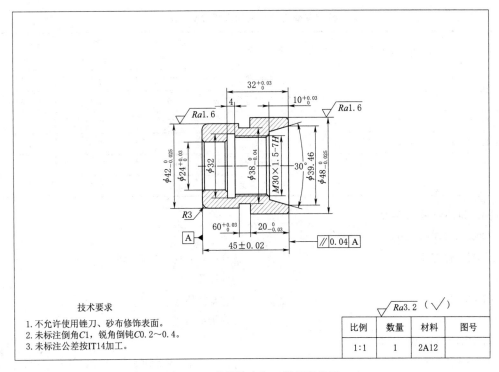

图 5-2　外圆综合加工训练任务图

三、任务分析

本任务的零件有外圆、外槽、斜面、内沟槽、内螺纹等加工要求，是比较典型的复杂零件。通过本任务的实施，可以掌握复杂零件的加工方法。

四、任务实施

1. 制定加工方案

（1）以工件右端毛坯面作为装夹基准装夹共建，手动车削外圆与端面进行对刀。

（2）粗、精加工左端外圆轮廓，保证外圆 $\phi 42$mm 粗糙度及其余相关的尺寸及公差要求。

（3）切宽 6mm，$\phi 38$ 的外圆槽并保证公差要求。

（4）粗、精加工左端内孔轮廓，保证内孔 $\phi 24$mm 粗糙度及其余相关的尺寸及公差要求。

（5）工件调头装夹后校正，手动车削对刀，同时保证工件总长。

（6）粗、精加工右端外圆轮廓，保证外圆 $\phi 48$mm、粗糙度及其余相关的尺寸及公差要求。

（7）粗、精加工右端内孔轮廓，保证内孔斜面角度、粗糙度及其余相关的尺寸及公差要求。

（8）粗、精加工内螺纹并保证尺寸精度。

2．工件定位与装夹

工件采用三爪自定心卡盘进行装夹，在装夹（特别是调头装夹）过程中，一定要仔细对工件进行找正，以减小工件的位置误差。

3．选择刀具及切削用量

选择刀具及切削用量见表 5 - 3。

表 5 - 3 数控车削用刀具及切削用量参数表

刀具号	刀具规格名称	数量	加工内容	主轴转速 /(r/min)	进给量 /(mm/r)	背吃刀量 /mm
T01	93°外圆车刀	1	粗车外圆轮廓	800	0.2	2
			精车外圆轮廓	1200	0.1	0.25
T02	3mm 外切槽刀	1	切外槽	600	0.1	2
T03	外螺纹刀	1	加工内螺纹	800	1.5	0.4
T04	内孔车刀	1	粗车内轮廓	800	0.2	1
			精车内轮廓	1200	0.1	0.25

4．加工程序的编制

O0001；（左端外圆）	
T0101M03S800；	选择一号刀具，主轴正转
M08；	切削液开
G00X52Z1；	定位至循环点
G71U2R1；	外圆粗车循环
G71P1Q2U0.5W0.1F0.2；	
N1G0X36；	外圆粗车循环轮廓开始
G1Z0F0.1；	
G3X42Z - 3R3；	
G1Z - 25；	
X50	
N2G1X52；	外圆粗车循环结束
G0X100Z100；	退回至安全点，方便测量
T0101M03S1200；	外圆精车刀具选择、主轴正转

M08；	
G0X52Z1；	精车循环点
G70P1Q2；	外圆精车循环指令
G0X100Z100；	退回至安全点，方便测量
M30；	程序结束并返回程序头
O0002；（切槽程序）	
T0202M03S600；	选择二号刀具，主轴正转
M08；	切削液开
G0X52Z1；	定位到起始点
X44Z−21；	定位到切削起始点
G1X42F0.1；	切槽开始
X40Z−22；	倒角
X38；	
X44；	
W3；	
X38；	
X44；	
G0X100；	退回至安全点
Z100；	
M30；	程序结束并返回程序头
O0001；（左端内孔）	
T0404M03S800；	选择四号刀具，主轴正转
M08；	切削液开
G00X20Z1；	定位至循环点
G71U1R1；	内孔粗车循环
G71P1Q2U0.5W0.1F0.2；	
N1G0X26；	内孔粗车循环轮廓开始
G1Z0F0.1；	
X24Z−1；	倒角
Z−15；	
N2G1X20；	内孔粗车循环结束
G0X20	
Z100；	退回至安全点，方便测量
T0404M03S1200；	内孔精车刀具选择、主轴正转
M08；	
G0X20Z1；	精车循环点

G70P1Q2；　　　　　　　　　　　　内孔精车循环指令

G0X20

Z100；　　　　　　　　　　　　　　退回至安全点，方便测量

M30；　　　　　　　　　　　　　　程序结束并返回程序头

O0003；（右端外圆切削程序）

T0101M03S800；　　　　　　　　　外圆精车刀具选择、主轴正转

M8　　　　　　　　　　　　　　　　切削液开

G0X52Z1；

G73U2R1；　　　　　　　　　　　　外圆粗车循环

G73P1Q2U0.3W0.1F0.2；

N1G0X46；　　　　　　　　　　　　外圆粗车循环轮廓开始

G1Z0；

X48Z-1；　　　　　　　　　　　　　倒角

G1Z-19；

X46Z-20；

N2G1X52；

G0X100Z100；　　　　　　　　　　退回至安全点，方便测量

T0101M03S1200；　　　　　　　　外圆精车刀具选择、主轴正转

M08；

G0X52Z1；　　　　　　　　　　　　精车循环点

G70P1Q2；　　　　　　　　　　　　外圆精车循环指令

G0X100Z100；　　　　　　　　　　退回至安全点，方便测量

M30；　　　　　　　　　　　　　　程序结束并返回程序头

O0001；（右端内孔）

T0404M03S800；　　　　　　　　　选择四号刀具，主轴正转

M08；　　　　　　　　　　　　　　切削液开

G00X20Z1；　　　　　　　　　　　定位至循环点

G71U1R1；　　　　　　　　　　　　内孔粗车循环

G71P1Q2U0.5W0.1F0.2；

N1G0X39.46；　　　　　　　　　　内孔粗车循环轮廓开始

G1Z0F0.1；

X34.101Z-10；　　　　　　　　　　斜面加工

X30；

X28.35Z-11.65；

Z-32

X26

X24Z－33

N2G1X20；　　　　　　　　　　　内孔粗车循环结束

G0X20

Z100；　　　　　　　　　　　　　退回至安全点，方便测量

T0404M03S1200；　　　　　　　　内孔精车刀具选择、主轴正转

M08；

G0X20Z1；　　　　　　　　　　　精车循环点

G70P1Q2；　　　　　　　　　　　内孔精车循环指令

G0X20

Z100；　　　　　　　　　　　　　退回至安全点，方便测量

M30；

O0004；（右端内螺纹程序）

T0303M03S800；　　　　　　　　　选择内螺纹刀具、主轴正转

M08；

G0X20Z5；　　　　　　　　　　　内螺纹加工起始点

G92X28.35Z－28F1.5；　　　　　　内螺纹切削加工循环

X28.8；

X29.2；

X29.6；

X30；

X30；

G0X20

Z100；　　　　　　　　　　　　　退回至安全点

M30；　　　　　　　　　　　　　　程序结束并返回程序头

五、教学评价

　　评价方式采用自评、互评和教师点评三者结合的方式。从程序编制、加工质量、工序制定、现场操作规范等方面评价学生对程序编制及加工的掌握程度。工件配分权重表参考表 5－4。

表 5－4　　　　　　　　　　　综合加工训练的配分权重表

序号	考核内容		配分	评分标准	检测结果	得分
1	程序编制		10	不正确不得分		
2	加工质量	$\phi20_{-0.025}^{0}$	5	超差 0.02 扣 1 分		
3		$\phi38_{-0.04}^{0}$	5	超差 0.02 扣 1 分		
4		$\phi24_{0}^{+0.03}$	5	超差 0.02 扣 1 分		
5		$\phi48_{-0.025}^{0}$	5	超差 0.02 扣 1 分		
6		$32_{0}^{+0.03}$	3	超差 0.02 扣 1 分		

续表

序号	考核内容		配分	评分标准	检测结果	得分
7	加工质量	$20_{-0.03}^{0}$	3	超差 0.02 扣 1 分		
8		$6_{0}^{+0.03}$	3	超差 0.02 扣 1 分		
9		$10_{0}^{+0.03}$	4	超差 0.02 扣 1 分		
10		$M30\times1.5-8g$	6	超差 0.02 扣 1 分		
11		45 ± 0.02	5	超差 0.02 扣 1 分		
12		$C1$	4			
13		$R3$	4			
14		锥度加工正确	4			
15		粗糙度 1.6	4	每处 2 分，超差一级不得分		
16	工序制定	选择刀具正确	4			
17		工序制定合理	4			
18	现场操作规范	工具正确使用	4			
19		量具正确使用	4			
20		刃具正确使用	4			
21		设备正确操作和维护保养	10			

思 考 与 练 习

1. 根据以下图纸，加工如下图所示的配合零件。

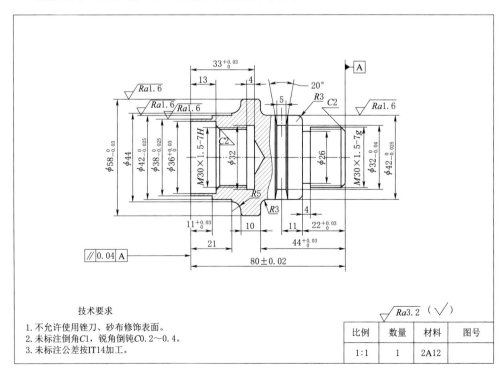

技术要求

1. 不允许使用锉刀、砂布修饰表面。
2. 未标注倒角C1，锐角倒钝C0.2~0.4。
3. 未标注公差按IT14加工。

比例	数量	材料	图号
1:1	1	2A12	

2. 根据以下图纸，加工如下图所示的配合零件。

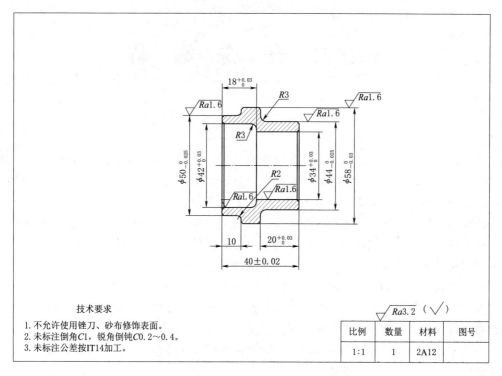

技术要求

1. 不允许使用锉刀、砂布修饰表面。
2. 未标注倒角C1，锐角倒钝C0.2～0.4。
3. 未标注公差按IT14加工。

$\sqrt{Ra3.2}$（$\sqrt{}$）

比例	数量	材料	图号
1:1	1	2A12	

3. 根据以下图纸，加工如下图所示的配合零件。

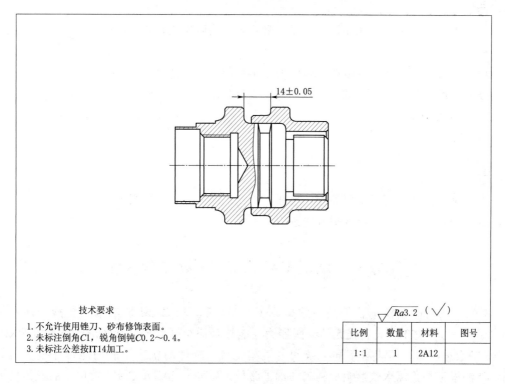

技术要求

1. 不允许使用锉刀、砂布修饰表面。
2. 未标注倒角C1，锐角倒钝C0.2～0.4。
3. 未标注公差按IT14加工。

$\sqrt{Ra3.2}$（$\sqrt{}$）

比例	数量	材料	图号
1:1	1	2A12	

模块六 在 线 编 程

导言

欢迎踏入CAXA CAM数控车软件编程的殿堂,这里汇聚了创新科技与精湛工艺的精髓。CAXA CAM,这一由北京航空航天大学科研实力孕育的成果,不仅代表了中国在CAD/CAM领域的自主创新,更是智能制造时代的先锋。

CAXA CAM数控车软件,作为业界公认的CAD/CAM设计制造工具,已在机械加工、模具制造等多个领域展现出其卓越的应用价值。它以强大的功能和适应性,满足了从简易到复杂的各类零件加工需求,与制造业的快速发展同步。

在本模块中,我们将深入探讨CAXA CAM数控车软件的关键功能,包括软件基础、绘图技巧、后置处理技术、程序生成以及数据上传和加工流程。期望通过本篇内容,使读者在数控编程的征途上步伐更加坚定,操作更加自如。

在这里,我们将一起挖掘CAXA CAM数控车软件的潜力,将创意转化为精细的数控加工程序,开启智能制造的新篇章。

学习目标

通过本模块的学习,在知识、技能、素养3个层面应达到如下目标。

一、知识目标

(1) 了解CAXA CAM数控车软件的基本功能与技术性能。

(2) 了解CAXA CAM数控车软件的使用流程。

二、技能目标

(1) 能够软件的绘图功能。

(2) 掌握软件后置处理的基本技巧。

三、素养目标

(1) 掌握必要的理论知识和专业技能,将知识融入实际运用当中。

(2) 培养持续学习和自我提升的意识和习惯。

任务一 认识 CAXA CAM 数控车软件

CAXA CAM数控车软件是一款集成了CAD绘图和CAM加工编程功能的高效工具(图6-1)。它不仅具备强大的绘图能力,能够轻松绘制各种复杂图形,还支持DXF、IGES等数据接口,便于与不同系统间的数据交换。软件的轨迹生成功能设计得简洁易用,能够根据加工需求快速生成精确的加工路径。此外,CAXA CAM数控车的通用后置处理功能，使其能够适应各种机床的代码格式，并输出 G 代码，通过校验与仿真确保加工过程的准确性。

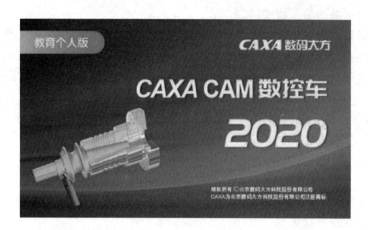

图 6-1　CAXA CAM 数控车软件

CAXA CAM 数控车软件为用户提供了全面的二维绘图和数控车加工解决方案。当它与 CAXA 的其他专业设计和制造软件相结合时，可以全方位满足用户的 CAD/CAM 需求，无论是设计创新还是精密加工，都能提供强有力的支持。

一、系统要求

（1）Microsoft Windows 98/2000/XP 操作系统。

（2）Intel 奔腾 Ⅱ 或更高级别处理器。

（3）128MB 以上内存。

（4）Microsoft Windows 98/2000/XP 系统支持的 VGA（256 色）或更高性能显示卡。

二、功能

CAXA CAM 数控车软件是一款专业的数控车床编程和二维图形设计软件，主要具有以下几个功能。

（1）图形编辑功能：具备优秀的图形编辑功能，其操作速度是手工编程无可比。曲线分成点、直线、圆弧、样条、组合曲线等类型。工作坐标系可任意定义，并在多坐标系间随意切换；图层、颜色、拾取过滤工具应有尽有，系统完善。

（2）数据接口：软件支持 DXF、IGES 等格式，便于与不同系统进行数据交换，增强了软件的兼容性和实用性。

（3）轨迹生成：提供了功能强大、使用简洁的轨迹生成手段，可以根据加工要求生成各种复杂图形的加工轨迹。

（4）通用后置处理：具有通用的后置处理模块，可以满足各种机床的代码格式，输出 G 代码，并对生成的代码进行校验及加工仿真。

（5）加工仿真：提供加工过程模拟，以检查加工轨迹的正确性，包括轮廓粗车、精车、切槽、钻孔和车螺纹等。

（6）刀具管理：具备刀库管理功能，包括轮廓车刀、切槽刀具、螺纹车刀、钻孔刀具等，便于用户从刀具库中获取刀具信息和对刀具库进行维护。

（7）参数修改：如果对生成的轨迹不满意，可以使用参数修改功能对轨迹的各种参数进行修改，以生成新的加工轨迹。

（8）代码编辑：内置代码编辑工具，允许用户手动修改代码，设定代码文件名称与后缀名，并保存代码。

（9）界面设计：全新设计的界面和功能图标，支持 4K 高清分辨率，提供简洁方便的管理树工具。

（10）管理树功能：以树形图的形式直观展示当前文档的刀具、轨迹、代码等信息，并提供树上的操作功能。

（11）后置设置工具：提供开放灵活的后置设置工具，允许用户根据不同机床进行适当的配置。

这些功能使得 CAXA 数控车软件成为数控加工领域内一个全面而强大的工具，帮助用户提高加工效率和产品质量。

三、发展与应用

CAXA CAM 数控车软件中的 CAXA 读作"卡萨"，C 代表 Computer（计算机），A 代表 Aided（辅助的），X 代表任意元素，而第二个 A 代表 Alliance（联盟）和 Ahead（领先）。

作为中国首款完全自主研发的 CAD 软件，由依托北京航空航天大学雄厚科研实力的北航海尔公司开发。已经成为国内领先的 CAD 和 PLM（产品生命周期管理）解决方案供应商，代表着中国制造业信息化的先进水平和知名品牌。拥有完全自主知识产权的软件产品系列，包括 CAD、CAPP、CAM、DNC、EDM、PDM、MES、MPM 等，覆盖了设计、工艺、制造和管理等制造业信息化的关键领域。

四、加工过程

（1）加工工艺分析：该零件比较简单，没有尺寸精度和表面粗糙度的要求。学生可以采取三爪自定心卡盘夹紧左端，直接按照零件图上的尺寸编写右端轮廓的数控程序，确定好切削用量之后，拟定数控加工工艺卡。

（2）生成加工轨迹：建立了加工模型后，学生即可利用 CAXA CAM 数控车软件提供的轮廓粗车、轮廓精车等功能，选择合适的加工参数和刀具参数，生成加工轨迹。

（3）生成 G 代码：当加工轨迹生成后，学生按照当前机床类型的配置要求，把已经生成的刀具轨迹自动转化成合适的 G 代码，即 CNC 数控加工程序。

（4）G 代码传输和机床加工：生成 G 代码之后，学生可通过计算机的标准接口与机床直接连通，将数控加工代码传输到数控机床，就可进行在线 DNC 加工或单独加工。

（5）手动编写程序：每一个加工任务完成后，教师都要求学生手动编写程序，并与 CAXA CAM 数控车软件生成的程序相比较，分析两者在工艺方案、加工路线、切削参数等方面优劣，从而提高程序编制的效率。

五、技术性能

CAXA CAM 数控车的主要加工功能如下。

（1）轮廓粗车：该功能用于实现对工件外轮廓表面、内轮廓表面和端面的粗车加工，用来快速清除毛坯的多余部分。

（2）轮廓精车：实现对工件外轮廓表面、内轮廓表面和端面的精车加工。

（3）切槽：该功能用于在工件外轮廓表面、内轮廓表面和端面切槽。

（4）钻中心孔：该功能用于在工件的旋转中心钻中心孔。

（5）车螺纹：该功能为非固定循环方式加工螺纹，可对螺纹加工中的各种工艺条件、加工方式进行灵活地控制。

（6）螺纹固定循环：该功能采用固定循环方式加工螺纹。

（7）参数修改：对生成的轨迹不满意时可以用参数修改功能对轨迹的各种参数进行修改，以生成新的加工轨迹。

（8）刀具管理：该功能定义、确定刀具的有关数据，以便于用户从刀具库中获取刀具信息和对刀具库进行维护。

（9）轨迹仿真：对已有的加工轨迹进行加工过程模拟，以检查加工轨迹的正确性。

任务二　绘　　图

CAXA CAM 数控车软件的绘图功能是其核心组成部分之一，主要用于创建和编辑二维图形。这些图形可以是简单的线条和圆，也可以是复杂的零件图纸。绘图功能的灵活性和精确性直接影响到后续加工程序的生成和执行。

CAXA CAM 数控车软件的绘图功能非常强大，它提供了丰富的图形编辑工具，使用户能够轻松创建和编辑各种复杂的二维图形。软件支持点、直线、圆弧、样条曲线等多种基本图形元素，用户可以通过这些基本元素组合出复杂的设计。此外，软件还允许用户自定义工作坐标系，实现在多坐标系间的无缝切换，这对于处理复杂的机械设计尤为重要。

绘图过程中，用户可以利用图层管理功能来组织不同的设计部分，通过颜色和线型的区分，使得设计过程更加清晰有序。软件的动态导航捕捉功能可以智能地识别图形上的特定点，如端点、中点等，大幅提高了绘图的精确度和效率。参数化绘图也是软件的一大特色，用户可以通过修改参数来调整图形，实现设计的快速迭代。

CAXA CAM 数控车软件的绘图界面友好，采用全中文的 Windows 风格，图标直观，易于理解和操作。软件还提供了丰富的辅助工具，如尺寸标注、图形约束等，进一步增强了绘图的功能性。用户可以利用这些工具进行精确的设计表达，确保设计的准确性和专业性。

一、绘图界面与工具

CAXA CAM 数控车软件的绘图界面直观易用，用户可以通过菜单栏、工具栏和命令行进行各种绘图操作（图 6-2）。软件提供了丰富的绘图工具，如直线、圆、椭圆、矩形、多边形等，可以满足不同类型的绘图需求。

1. 主菜单

主菜单的菜单项及说明见表 6-1。

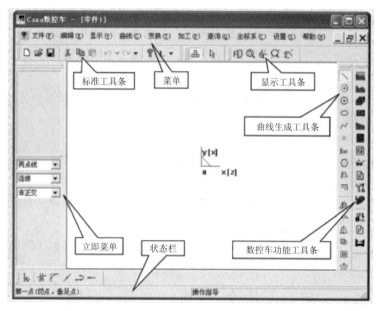

图 6-2 CAXA CAM 数控车软件的基本应用界面

表 6-1　　　　　　　　　　　CAXA CAM 数控车软件的主菜单

菜单项	说　　明
文件	对系统文件进行管理，包括新建、打开、关闭、保存、另存为、数据输入、数据输出等
编辑	对已有的图像进行编辑，包括撤销、恢复、剪切、复制、粘贴、删除、元素不可见、元素可见、元素颜色改变等
显示	设置系统的显示，包括显示工具、全屏显示、视角定位等
曲线	在屏幕上绘制图形，包括各种曲线的生成、曲线编辑等
变换	对绘制的图形进行变换，包括图形的平移、旋转、镜像、阵列等
加工	包括各种加工方法选择、机床设置、后置处理、代码生成、参数修改、轨迹仿真等
查询	对图形的要素查询，包括坐标、距离、角度等
设置	包括当前颜色、系统设置、层设置、自定义等

2. 弹出菜单

CAXA CAM 数控车软件将按空格键弹出的菜单作为当前命令状态下的子命令。在执行不同命令状态下，有不同的子命令组。如果子命令是用来设置某种子状态的，则软件在状态栏中会显示提示命令。表 6-2 中列出了弹出菜单的功能。

表 6-2　　　　　　　　　　　CAXA CAM 数控车软件的弹出菜单

菜单项	说　　明
点工具	确定当前选取点的方式，包括默认点、屏幕点、端点、圆心、切点、垂足点最近点、刀位点等
矢量工具	确定矢量的选取方向，包括 X 轴正方向、X 轴负方向、Y 轴正方向、Y 轴负方向 Z 轴正方向、Z 轴
	负方向和端点矢量

续表

菜单项	说　明
选择集合拾取工具	确定集合的拾取方式，包括拾取添加、拾取所有、拾取取消、取消尾项和取消所有
轮廓拾取工具	确定轮廓的拾取方式，包括单个拾取、链拾取和限制链拾取等
岛拾取工具	确定岛的拾取方式，包括单个拾取、链拾取和限制链拾取等

3. 工具条

CAXA CAM 数控车提供的工具条有标准工具条、显示工具条曲线工具条、数控车功能工具条和线面编辑工具条。工具条中图标的含义如图 6-3 所示。

图 6-3　工具条中图标的含义

4. 鼠标键与键盘键

（1）鼠标键：鼠标左键可以用来激活菜单，确定形置点、拾取元素等。鼠标右键用来确认拾取、结束操作和终止命令。

（2）回车键和数值键：在 CAXA CAM 数控车软件中，当系统要求输入点时，回车键和数值键可以激活一个坐标输入条，在输入条中可以输入坐标值。如果坐标值以@开始，则表示相对于前一个输入点的相对坐标。在某些情况也可以输入字符串。

（3）空格键：弹出点工具菜单。例如，在系统要求输入点时，按空格键可以弹出点击工具菜单。

5. 热键

CAXA CAM 数控车软件为用户提供热键操作，并设置了以下几种功能热键。

（1）F5 键：将当前面切换至 XOY 面，同时将显示平面置为 XOY 面，并将图形投影到 XOY 面内进行显示。

（2）F6 键：将当前面切换至 YOZ 面，同时将显示平面置为 YOZ 面，并将图形投影到 YOZ 面内进行显示。

（3）F7 键：将当前面切换至 XOZ 面，同时将显示平面置为 XOZ 面，并将图形投影到 XOZ 面内进行显示。

（4）F8 键：显示轴侧图，按轴侧图方式显示图形。

（5）F9 键：切换当前面，将当前面在 XOY、YOZ、XOZ 之间进行切换，但不改变显示平面。

（6）方向键（→、←、↑、↓）：显示旋转。

（7）Ctrl＋方向键（→、←、↑、↓）：显示平移。

（8）Shift＋↑：显示放大。

（9）Shift＋↓：显示缩小。

二、系统的交互方式

1. 立即菜单

立即菜单是 CAXA CAM 数控车软件提供的独特的交互方式，大大改善了交互过程。立即菜单示例如图 6-4 所示。

2. 点的输入

在交互过程中，常常会遇到输入精确定位点的情况。系统提供了点工具菜单，可以利用点工具菜单来精确定位一个点。激活点工具菜单用键盘的空格键。弹出式点工具菜单如图 6-5 所示。

图 6-4　立即菜单示例　　　　图 6-5　弹出式点工具菜单示例

三、基本图形的构建

1. 直线

单击曲线生成工具图标或从菜单条中选择"曲线"→"直线"即可激活直线生成功能。切换立即菜单，可以用不同的方法生成直线。

2. 圆弧

单击曲线生成工具图标，或从菜单条中选择"曲线"→"圆弧"，即可激活圆弧生成功能。通过切换立即菜单，可以采用不同的方式生成圆弧。

3. 曲线

曲线编辑包括曲线裁剪、曲线过渡、曲线打断、曲线组合和曲线延伸等。

（1）曲线过渡：是对指定的两条曲线进行圆弧过渡、尖角过渡、对两条直线进行倒角过渡。

1）圆角过渡：用于在两条曲线之间进行给定半径的圆弧光滑过渡。

2）尖角过渡：用于在给定的两条曲线之间进行过渡，过渡后在两曲线的交点处呈尖角。

3）倒角过渡：用于在给定的两条曲线之间进行过渡，过渡后在两曲线之间倒一条直线。

（2）曲线裁剪：是指使用曲线做剪刀，裁掉其他曲线上不需要的部分。系统提供的曲线裁剪方式有 4 种：快速裁剪、线裁剪、点裁剪和修剪。

四、坐标系与尺寸标注

在 CAXA CAM 数控车软件中，坐标系的设置对于精确绘图至关重要。软件支持用户定义和使用绝对坐标与相对坐标，提供了灵活的坐标系管理功能。用户可以根据设计需求，轻松切换和定义不同的工作坐标系，确保绘图的准确性。此外，软件还配备了多种尺寸标注工具，如线性标注、半径标注、直径标注等，这些工具不仅提高了标注的效率，还确保了图形的精确性和可读性。通过这些工具，用户可以对图形的各个部分进行详细的尺寸标注，从而在设计和加工过程中减少误差。

五、图层管理

图层管理是 CAXA CAM 数控车软件中一个重要的绘图组织工具。软件允许用户创建和管理多个图层，每个图层都可以独立控制其可见性、打印状态以及其他属性。这种灵活的图层管理机制使得用户可以更加清晰和有序地组织图形中的各个部分。例如，用户可以将不同的设计元素分配到不同的图层，通过控制图层的显示和隐藏，来集中处理特定部分的设计。此外，图层管理还有助于在复杂设计中保持图形的整洁和易于理解，从而提高设计和审查的效率。

六、图形编辑与修改

CAXA CAM 数控车软件提供了丰富的图形编辑功能，使用户能够对图形进行精细化调整和修改。软件支持基本的图形编辑操作，如移动、复制、旋转、缩放和镜像等。这些工具使得用户可以轻松地对图形进行位置调整和形状变化，以满足特定的设计和加工需求。此外，软件还提供了高级的图形编辑功能，如图形的修剪、延伸和打断等。这些功能进一步增强了绘图的灵活性和适应性，使得用户可以在复杂的设计任务中更加自如地进行图形编辑。通过这些工具，用户可以快速实现图形的修改和优化，提高设计工作的效率。

七、数据导入与导出

CAXA CAM 数控车软件支持多种数据格式的导入与导出，包括但不限于 DXF、IG-

ES 和 STEP 等。这种广泛的数据兼容性使得用户可以在不同的 CAD/CAM 软件之间无缝地传输和共享数据。无论是从其他设计软件导入图形进行进一步的编辑和加工，还是将设计成果导出到其他系统进行应用，CAXA CAM 数控车软件都能提供高效的数据交换解决方案。这种灵活性和兼容性极大地提高了用户在不同设计和制造环节中的工作效率，确保了设计和加工过程的连续性和一致性。通过这些数据接口，用户可以轻松地在 CAXA CAM 数控车软件和其他相关软件之间进行数据交换，实现设计和加工的无缝对接。

任务三　后置处理、程序生成

CAXA CAM 数控车软件的后置处理功能是其核心优势之一。软件能够根据用户定义的加工策略，自动生成适用于特定机床的 G 代码。这一过程包括从 CAD 模型中提取加工信息，然后根据机床的特性和加工要求，转换为可执行的数控程序。

软件提供了通用的后置处理模块，可以适应各种机床的代码格式，确保了广泛的适用性。用户可以通过软件的参数设置，定制化生成的 G 代码，以满足特定的加工需求。此外，软件还具备代码校验功能，能够在程序传输到机床之前，检查代码的正确性和完整性，避免加工过程中的错误。

程序生成过程中，CAXA CAM 数控车软件支持多种加工策略，如粗车、精车、切槽、钻孔和车螺纹等。用户可以根据加工部位的特点选择合适的加工策略，软件会自动优化加工路径，减少空行程，提高加工效率。同时，软件还提供了参数修改功能，用户可以根据实际加工情况调整生成的轨迹参数，以达到最佳的加工效果。

一、机床设置

机床设置（即机床类型设置）就是针对不同的机床、不同的数控系统，设置特定的数控代码、数控程序格式及参数，并生成配置文件。生成数控程序时，系统根据该配置文件的定义，生成用户所需要的特定代码格式的加工指令。机床设置给用户提供了一种灵活方便的设置系统配置的方法。通过设置系统配置参数，后置处理所生成的数控程序可以直接输入数控机床或加工中心进行加工，而无须进行修改。如果已有的机床类型中没有所需的机床，则可增加新的机床类型以满足使用需求，并可对新增的机床进行设置。

1. 机床参数设置

选择"加工"→"机床设置"命令，弹出"机床类型设置"对话框，如图 6-6 所示。可以选择已存在的机床，也可以单击"增加机床"按钮增加系统中没有的机床，或通过"删除机床"按钮删除当前机床。还可以对机床的各种指令地址，根据所用数控系统的代码规则进行设置。

机床配置参数中的"说明""程序头""换刀"和"程序尾"，必须按照使用数控系统的编程规则（参看所用机床的编程手册），利用宏指令格式书写，否则生成的数控加工程序可能无法使用。

2. 常用的宏指令

CAXA CAM 数控车软件的程序格式，以字符串、宏指令@字符串和宏指令的方式进行设置，其中宏指令为 $ ＋宏指令串。下面是系统提供的宏指令串。

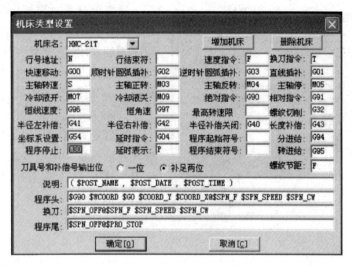

图 6-6   "机床类型设置"对话框

(1) 当前后置文件名：POST-NAME。

(2) 当前日期：POST-DATE。

(3) 当前时间：POST-TIME。

(4) 当前 X 坐标值：COORD-Y。

(5) 当前 Z 坐标值：COORD-X。

(6) 当前程序号：POST-CODE。

(7) 信号指令：LINE-NO-ADD。

(8) 行结束符：BLOCK-END。

(9) 冷却液开：COOL-ON。

(10) 冷却液关：COOL-OEF。

(11) 程序停：PRO-STOP。

(12) 左补偿：DCMP-LFT。

(13) 右补偿：DCMPRGT。

(14) 补偿关闭：DCMP-OFF。

(15) @号：换行标志，若是字符串则输出@本身。

(16) $号：输入空格。

二、后置处理

CAXA CAM 数控车软件的后置处理是其核心功能之一，负责将设计好的刀具路径转化为特定机床可读的 G 代码。这一过程是数控加工的关键环节，直接关系到加工程序能否在机床上顺利执行。以下是关于 CAXA CAM 数控车软件后置处理的详细介绍。

1. 基本概念

后置处理（post processing）是将 CAM 系统生成的刀具路径转化为特定数控机床可读的 G 代码的过程。由于不同类型的数控机床有不同的编程规范和指令集，因此需要通过后置处理来适配这些差异。

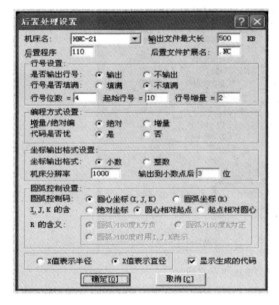

图6-7 "后置处理设置"对话框

后置处理是针对特定的机床，结合已经设置好的机床配置，对后置输出的数控程序的格式进行设置。选择"加工"→"后置设置"命令，弹出"后置处理设置"对话框，如图6-7所示。

2. 作用

后置处理器的作用是解析刀具路径信息，并根据机床的编程规范生成对应的G代码。这包括转换坐标系、处理刀具补偿、生成辅助功能（如M代码、T代码）等。

3. 后置处理功能

CAXA CAM数控车软件内置了强大的后置处理功能，支持多种类型的数控机床。用户可以根据实际需求选择合适的后置处理器，生成符合机床要求的加工程序。

（1）后置处理器的选择：CAXA CAM数控车软件提供了多种预定义的后置处理器，涵盖了常见的数控机床品牌和型号。用户可以根据机床的类型和型号选择合适的后置处理器。

（2）自定义后置处理器：对于一些特殊或非标准的数控机床，CAXA CAM数控车软件支持自定义后置处理器。用户可以通过编写后置处理脚本来适配特定的机床编程规范。

（3）后置处理参数设置：在后置处理过程中，用户可以设置各种加工参数，如切削速度、进给速度、切削深度等。这些参数会直接影响到生成的G代码和加工效果。

（4）程序验证与仿真：CAXA CAM数控车软件提供了强大的仿真功能，用户可以通过仿真模拟加工过程，检查生成的G代码是否正确，是否存在碰撞风险。通过仿真验证，用户可以减少实际加工中的错误和废品率，提高加工效率。

4. 后置处理的实际应用

在实际应用中，后置处理的准确性直接影响到加工程序的执行效果。以下是一些实际应用中的注意事项。

（1）选择合适的后置处理器：确保选择的后置处理器与机床的编程规范一致，避免因不兼容导致的加工错误。

（2）合理设置加工参数：根据工件材料、刀具类型和加工要求，合理设置加工参数，确保加工质量和效率。

（3）进行程序验证与仿真：在实际加工之前，通过仿真验证加工程序的正确性，减少加工中的错误和废品率。

5. 常见问题及解决方法

（1）G代码不兼容：如果生成的G代码在机床上无法执行，可能是后置处理器选择不正确或参数设置不当。解决方法是重新选择或配置后置处理器，确保生成的 G 代码与机床兼容。

（2）加工误差：如果加工结果与设计不符，可能存在加工误差。解决方法是检查刀具路径和加工参数，确保无误后再进行加工。

（3）程序验证失败：如果仿真验证中发现加工程序存在问题，可能是 G 代码生成错误或仿真设置不当。解决方法是仔细检查后置处理过程和仿真设置，确保生成的 G 代码正确无误。

三、程序生成

CAXA CAM 数控车软件的程序生成功能是其数控加工解决方案的重要组成部分。通过合理的工艺定义和后置处理，用户可以生成符合机床要求的加工程序，实现高效精确的零件加工。无论是复杂零件还是批量生产，CAXA CAM 数控车软件都能提供合适的解决方案，帮助企业提高加工效率和质量。

1. 基本步骤

CAXA CAM 数控车软件提供了丰富的功能，帮助用户高效地生成加工程序。程序生成的基本步骤如下。

（1）零件模型导入与创建：CAXA CAM 数控车软件支持多种文件格式的导入，包括 IGES、STEP、DXF 等。用户可以通过简单的操作将三维零件模型导入到软件中。此外，软件还提供了建模工具，用户可以在软件内部创建零件模型。

（2）加工工艺定义：在加工工艺定义阶段，用户需要选择合适的刀具、设定切削参数、确定加工路径等。CAXA CAM 数控车软件提供了丰富的刀具库和加工策略，用户可以根据实际需求选择合适的刀具和加工参数。

（3）刀具路径生成：根据定义的加工工艺，CAXA CAM 数控车软件会生成刀具路径。软件支持多种加工方式，如粗加工、精加工、轮廓加工、钻孔加工等。用户可以根据零件的形状和加工要求选择合适的加工方式。

（4）后置处理：后置处理是将生成的刀具路径转化为特定机床可读的 G 代码的过程。CAXA CAM 数控车软件内置了多种后置处理器，支持常见的数控机床品牌和型号。用户可以根据机床的类型和型号选择合适的后置处理器，生成符合机床编程规范的 G 代码。

（5）程序验证与仿真：CAXA CAM 数控车软件提供了强大的仿真功能，用户可以通过仿真模拟加工过程，检查生成的 G 代码是否正确，是否存在碰撞风险。通过仿真验证，用户可以减少实际加工中的错误和废品率，提高加工效率。

（6）加工程序输出：最终，用户可以将生成的 G 代码输出为加工程序文件，通常为 TXT 格式，供数控车床执行。软件支持多种输出格式和参数设置，用户可以根据实际需求选择合适的输出选项。

2. 程序生成的实际应用

在实际应用中，CAXA CAM 数控车软件的程序生成功能可以帮助企业提高加工效率和质量。以下是几个实际应用的例子。

（1）复杂零件加工：对于形状复杂的零件，CAXA CAM 数控车软件可以帮助用户高效地生成加工程序，实现精确加工。

（2）批量生产：在批量生产中，CAXA CAM 数控车软件可以生成优化的加工程序，减少加工时间和成本，提高生产效率。

（3）设备兼容性：CAXA CAM 数控车软件支持多种类型的数控机床，用户可以根据实际需求选择合适的后置处理器，生成符合机床要求的加工程序。

3. 常见问题及解决方法

（1）加工程序错误：如果生成的加工程序在机床上无法执行，可能是后置处理器选择不正确或参数设置不当。解决方法是重新选择或配置后置处理器，确保生成的 G 代码与机床兼容。

（2）加工误差：如果加工结果与设计不符，可能存在加工误差。解决方法是检查刀具路径和加工参数，确保无误后再进行加工。

（3）仿真验证失败：如果仿真验证中发现加工程序存在问题，可能是 G 代码生成错误或仿真设置不当。解决方法是仔细检查后置处理过程和仿真设置，确保生成的 G 代码正确无误。

任务四 数据上传及加工

CAXA CAM 数控车软件的数据上传及加工功能是其数控加工解决方案的重要组成部分。通过高效的数据上传方式和详细的加工准备，用户可以将生成的加工程序顺利传输到数控车床，并进行高质量的零件加工。无论是快速传输还是灵活应用，CAXA CAM 数控车软件都能提供合适的解决方案，帮助企业提高加工效率和质量。

这一阶段的关键任务是将设计阶段生成的加工程序顺利传输至数控机床，并确保加工操作的准确执行。为了实现从设计理念到实际加工的高效转化，软件特别注重以下几个方面。

（1）数据传输的准确性：软件内置的数据校验机制能够确保加工程序在上传过程中不会出现错误或数据丢失。支持多种数据格式和传输协议，以适应不同类型的数控设备，保证数据兼容性。

（2）加工过程的稳定性：提供了加工参数优化功能，可以根据具体的材料和工艺要求调整加工参数，确保加工过程的稳定和高效。具备实时监控和反馈机制，能够在加工过程中及时发现并纠正潜在的问题，避免加工失败。

（3）高效的加工执行：软件支持一键式加工启动，简化了操作步骤，减少了人为操作失误的可能性。集成了自动排程和资源优化功能，可以根据加工任务的优先级和设备状态智能安排加工顺序，提高生产效率。

（4）安全保障措施：提供了多重安全检查功能，包括刀具路径模拟和碰撞检测，以预防加工过程中可能出现的安全隐患。支持紧急停止和异常报警功能，确保在突发情况下能够迅速响应，保护设备和操作人员的安全。

通过这些功能的综合运用，CAXA CAM 数控车软件不仅确保了加工程序从设计到执行的无缝衔接，还大幅提升了加工质量和生产效率。这使得软件成为制造业中不可或缺的工具，广泛应用于各种精密加工和自动化生产场景中。

一、数据上传的基本步骤

使用 CAXA CAM 数控车软件进行数据上传及加工主要包括以下几个步骤：

（1）生成加工程序：用户需要使用 CAXA CAM 数控车软件生成加工程序。这个过程包括导入或创建零件模型、定义加工工艺、生成刀具路径、后置处理等步骤，最终生成可供数控车床执行的 G 代码程序。

（2）数据上传：生成的 G 代码程序需要通过数据上传功能传输到数控车床。这通常通过网络连接、USB 设备或其他数据传输方式实现。

（3）加工准备：在数控车床上接收到加工程序后，用户需要进行加工前的准备工作，包括安装工件、选择和安装刀具、设置加工参数等。

（4）开始加工：完成加工准备后，用户可以启动数控车床，执行上传的加工程序，进行零件的数控加工。

二、CAXA CAM 数控车软件的数据上传功能

CAXA CAM 数控车软件提供了多种数据上传方式，方便用户将加工程序传输到数控车床。

（1）网络连接：CAXA CAM 数控车软件支持通过网络连接将加工程序上传到数控车床。用户可以通过局域网将计算机与数控车床连接，通过软件的网络传输功能将 G 代码程序发送到车床。

（2）USB 设备：除了网络连接，CAXA CAM 数控车软件还支持通过 USB 设备进行数据上传。用户可以将生成的 G 代码程序保存到 U 盘，然后将 U 盘插入数控车床的 USB 接口，读取加工程序。

（3）串口通信：对于一些老旧的数控车床，CAXA CAM 数控车软件也支持通过串口通信方式进行数据上传。用户可以通过串口线将计算机与数控车床连接，通过软件的串口传输功能将 G 代码程序发送到车床。

三、数据上传的实际应用

在实际应用中，CAXA CAM 数控车软件的数据上传功能可以帮助企业高效地进行零件加工。

（1）快速传输：通过网络连接或 USB 设备，用户可以快速将加工程序上传到数控车床，减少数据传输时间，提高加工效率。

（2）灵活应用：CAXA CAM 数控车软件支持多种数据上传方式，用户可以根据实际情况选择最合适的传输方式，满足不同加工需求。

（3）设备兼容性：CAXA CAM 数控车软件支持多种类型的数控车床，用户可以通过软件的后置处理功能生成符合机床要求的 G 代码程序，确保加工程序能够在不同品牌的数控车床上顺利执行。

四、加工前的准备工作

在数控车床上接收到加工程序后，用户需要进行加工前的准备工作。

（1）安装工件：根据零件的形状和尺寸，选择合适的夹具和定位方式，将工件牢固地安装在车床上。

（2）选择和安装刀具：根据加工程序的要求，选择合适的刀具，并将其安装在车床的

刀架上。

（3）设置加工参数：根据加工程序的要求，设置车床的加工参数，如进给速度、主轴转速等，确保加工过程顺利进行。

五、开始加工

（1）完成加工准备后，用户可以启动数控车床，执行上传的加工程序，进行零件的数控加工。

（2）程序验证：在开始加工之前，用户可以通过车床的控制面板对加工程序进行验证，确保程序无误后再开始加工。

（3）监控加工过程：在加工过程中，用户需要监控车床的运行状态，及时发现和处理可能出现的问题，确保加工质量和安全。

（4）加工完成后检查：加工完成后，用户需要对零件进行检查，确保加工结果符合设计要求。如果发现加工误差，需要分析原因并进行调整，确保后续加工顺利进行。

六、数据上传及加工的常见问题及解决方法

（1）数据传输失败：如果在数据上传过程中出现传输失败的情况，可能是由于网络连接不稳定、USB设备故障或串口通信设置错误等原因导致。解决方法是检查连接设备和设置，确保数据传输通道畅通。

（2）加工程序无法执行：如果在数控车床上无法执行上传的加工程序，可能是由于 G 代码格式不兼容或加工参数设置错误等原因导致。解决方法是检查加工程序的格式和参数设置，确保程序与车床兼容。

（3）加工误差：如果加工结果与设计不符，可能存在加工误差。解决方法是检查加工程序、刀具路径和加工参数，确保无误后再进行加工。

思 考 与 练 习

零件下图所示，毛坯尺寸为 $\phi 32mm \times 70mm$，材料为 45 号钢，分析该零件的加工工艺并编写加工程序。

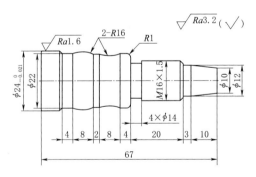

模块七 知 识 链 接

任务一 数控车四级理论试题样题

绍兴市职业技能等级认定试卷（标准化命题）

机构类型：　　　　　机构名称：

（职业名称及等级）理论知识试卷

注意事项

1. 考试时间：90 分钟。

2. 请首先按要求在试卷的标封处填写您的姓名、准考证号和所在单位的名称。

3. 请仔细阅读各种题目的回答要求，在规定的位置填写您的答案。

4. 不要在试卷上乱写乱画，不要在标封区填写无关的内容。

	一	二	三	四	五	总分
得分						

得分	
评分人	

一、单项选择题（选择一个正确的答案，将相应的字母填入题内的括号中。每题 1 分，满分 80 分）。

1. 道德是通过（　　）对一个人的品行发生极大的作用。

A. 社会舆论　　　　B. 国家强制执行　　C. 个人的影响　　　　D. 国家政策

2. 金属在交变应力循环作用下抵抗断裂的能力是钢的（　　）。

A. 强度和塑性　　　B. 韧性　　　　　　C. 硬度　　　　　　　D. 疲劳强度

3. 碳的质量分数小于（　　）的铁碳合金称为碳素钢。

A. 1.4％　　　　　　B. 2.11％　　　　　C. 0.6％　　　　　　D. 0.25％

4. 优质碳素结构钢的牌号由（　　）数字组成。

A. 一位　　　　　　B. 两位　　　　　　C. 三位　　　　　　D. 四位

5. 珠光体灰铸铁的组织是（　　）。

A. 铁素体＋片状石墨　　　　　　　　　B. 铁素体＋球状石墨

C. 铁素体＋珠光体＋片状石墨　　　　　D. 珠光体＋片状石墨

107

6. 用于承受冲击、振动的零件如电动机机壳、齿轮箱等用（   ）牌号的球墨铸铁。

A. QT400－18　　　　B. QT600－3　　　　C. QT700－2　　　　D. QT800－2

7. 数控机床有以下特点，其中不正确的是（   ）。

A. 具有充分的柔性　　　　　　　　　B. 能加工复杂形状的零件

C. 加工的零件精度高，质量稳定　　　D. 操作难度大

8. 数控系统的功能（   ）。

A. 插补运算功能　　　　　　　　　　B. 控制功能、编程功能、通信功能

C. 循环功能　　　　　　　　　　　　D. 刀具控制功能

9. 液压传动是利用（   ）作为工作介质来进行能量传送的一种工作方式。

A. 油类　　　　　　　B. 水　　　　　　　C. 液体　　　　　　　D. 空气

10. 数控机床同一润滑部位的润滑油应该（   ）。

A. 用同一牌号　　　　　　　　　　　B. 可混用

C. 使用不同型号　　　　　　　　　　D. 只要润滑效果好就行

11. 机械加工选择刀具时一般应优先采用（   ）。

A. 标准刀具　　　　B. 专用刀具　　　　C. 复合刀具　　　　D. 都可以

12. 在基面中测量的角度是（   ）。

A. 前角　　　　　　B. 刃倾角　　　　　C. 刀尖角　　　　　D. 楔角

13. 数控车床切削的主运动为（   ）。

A. 刀具纵向运动　　　　　　　　　　B. 刀具横向运动

C. 刀具纵向、横向的复合运动　　　　D. 主轴旋转运动

14. 主运动的速度最快，消耗功率（   ）。

A. 最小　　　　　　B. 最大　　　　　　C. 一般　　　　　　D. 不确定

15. 在批量生产中，一般以（   ）控制更换刀具的时间。

A. 刀具前面磨损程度　　　　　　　　B. 刀具后面磨损程度

C. 刀具的耐用度　　　　　　　　　　D. 刀具损坏程度

16. 一般钻头的材质是（   ）。

A. 高碳钢　　　　　B. 高速钢　　　　　C. 高锰钢　　　　　D. 碳化物

17. 一般切削（   ）材料时，容易形成节状切屑。

A. 塑性　　　　　　B. 中等硬度　　　　C. 脆性　　　　　　D. 高硬度

18. 冷却作用最好的切削液是（   ）。

A. 水溶液　　　　　B. 乳化液　　　　　C. 切削油　　　　　D. 防锈剂

19. 普通卧式车床下列部件中（   ）是数控卧式车床所没有的。

A. 主轴箱　　　　　B. 进给箱　　　　　C. 尾座　　　　　　D. 床身

20. 砂轮的硬度是指（   ）。

A. 砂轮的磨料、结合剂以及气孔之间的比例

B. 砂轮颗粒的硬度

C. 砂轮黏剂的黏结牢固程度

D. 砂轮颗粒的尺寸

21. 普通车床加工中，丝杠的作用是（　　　）。

A. 加工内孔　　　　B. 加工各种螺纹　　C. 加工外圆、端面　D. 加工锥面

22. 卧式车床加工尺寸公差等级可达（　　　），表面粗糙度 Ra 值可达 $1.6\mu m$。

A. IT9～IT8　　　　B. IT8～IT7　　　　C. IT7～IT6　　　　D. IT5～IT4

23. 下列因素中导致自激振动的是（　　　）。

A. 转动着的工件不平衡　　　　　　　B. 机床传动机构存在问题

C. 切削层沿其厚度方向的硬化不均匀　　D. 加工方法引起的振动

24. 不属于岗位质量措施与责任的是（　　　）。

A. 明确上下工序之间对质量问题的处理权限

B. 明白企业的质量方针

C. 岗位工作要按工艺规程的规定进行

D. 明确岗位工作的质量标准

25. 国标中对图样中除角度以外的尺寸的标注已统一，以（　　　）为单位。

A. cm　　　　　　　B. in　　　　　　　C. mm　　　　　　　D. m

26. 三视图中，主视图和左视图应（　　　）。

A. 长对正　　　　　　　　　　　B. 高平齐

C. 宽相等　　　　　　　　　　　D. 位在左（摆在主视图左边）

27. 左视图反映物体的（　　　）的相对位置关系。

A. 上下和左右　　B. 前后和左右　　C. 前后和上下　　D. 左右和上下

28. 在形状公差中，符号"—"是表示（　　　）。

A. 高度　　　　　　B. 面轮廓度　　　　C. 透视度　　　　　D. 直线度

29. 下面说法不正确的是（　　　）。

A. 进给量越大表面 Ra 值越大

B. 工件的装夹精度影响加工精度

C. 工件定位前须仔细清理工件和夹具定位部位

D. 通常精加工时的 F 值大于粗加工时的 F 值

30. 手动使用夹具装夹造成工件尺寸一致性差的主要原因是（　　　）。

A. 夹具制造误差　　B. 夹紧力一致性差　C. 热变形　　　　　D. 工件余量不同

31. 选择粗基准时，重点考虑如何保证各加工表面（　　　）。

A. 对刀方便　　　　B. 切削性能好　　　C. 进/退刀方便　　　D. 有足够的余量

32. 加工时用来确定工件在机床上或夹具中占有正确位置所使用的基准为（　　　）。

A. 定位基准　　　　B. 测量基准　　　　C. 装配基准　　　　D. 工艺基准

33. 根据基准功能不同，基准可以分为（　　　）两大类。

A. 设计基准和工艺基准　　　　　　　B. 工序基准和定位基准

C. 测量基准和工序基准　　　　　　　D. 工序基准和装配基准

34. 在下列内容中，不属于工艺基准的是（　　　）。

A. 定位基准　　　　B. 测量基准　　　　C. 装配基准　　　　D. 设计基准

35. 定位方式中（　　　）不能保证加工精度。

A. 完全定位　　　　　B. 不完全定位　　　　C. 欠定位　　　　　D. 过定位

36. 刀具的选择主要取决于工件的外形结构、工件的材料加工性能及（　　）等因素。

A. 加工设备　　　　B. 加工余量　　　　C. 尺寸精度　　　　D. 表面的粗糙度要求

37. 修磨麻花钻横刃的目的是（　　）。

A. 减小横刃处前角　　　　　　　　B. 增加横刃强度

C. 增大横刃处前角、后角　　　　　D. 缩短横刃，降低钻削力

38. 有关程序结构，下面叙述正确的是（　　）。

A. 程序由程序号、指令和地址符组成　　B. 地址符由指令字和字母数字组成

C. 程序段由顺序号、指令和 EOB 组成　　D. 指令由地址符和 EOB 组成

39. 程序段 N60 G01 X100 Z50 中 N60 是（　　）。

A. 程序段号　　　　B. 功能字　　　　C. 坐标字　　　　D. 结束符

40. 数控车床主轴以 800r/min 转速正转时，其指令应是（　　）。

A. M03 S800　　　　B. M04 S800　　　　C. M05 S800　　　　D. S800

41. 下列（　　）指令表示撤销刀具偏置补偿。

A. T02D0　　　　B. T0211　　　　C. T0200　　　　D. T0002

42. 绝对坐标编程时，移动指令终点的坐标值 X、Z 都是以（　　）为基准来计算。

A. 工件坐标系原点　　　　　　　B. 机床坐标系原点

C. 机床参考点　　　　　　　　　D. 此程序段起点的坐标值

43. 当零件图尺寸为链连接（相对尺寸）标注时适宜用（　　）编程。

A. 绝对值编程　　　　　　　　　B. 增量值编程

C. 两者混合　　　　　　　　　　D. 先绝对值后相对值编程

44. G20 代码是（　　）制输入功能，它是 FANUC 数控车床系统的选择功能。

A. 英　　　　　B. 公　　　　　C. 米　　　　　D. 国际

45. G00 指令与下列的（　　）指令不是同一组的。

A. G01　　　　B. G02　　　　C. G04　　　　D. G03

46. 在偏置值设置 G55 栏中的数值是（　　）。

A. 工件坐标系的原点相对机床坐标系原点偏移值

B. 刀具的长度偏差值

C. 工件坐标系的原点

D. 工件坐标系相对对刀点的偏移值

47. FANUC 数控车床系统中 G90 是（　　）指令。

A. 增量编程　　　　　　　　　　B. 圆柱或圆锥面车削循环

C. 螺纹车削循环　　　　　　　　D. 端面车削循环

48. G70 指令的程序格式为（　　）。

A. G70 X　Z　　　　　　　　　　B. G70 U　R

C. G70 P　Q　U　W　　　　　　　D. G70 P　Q

49. 辅助指令 M01 指令表示（　　）。

A. 选择停止   B. 程序暂停   C. 程序结束   D. 主程序结束

50. 主程序结束，程序返回至开始状态，其指令为（ ）。

A. M00   B. M02   C. M05   D. M30

51. 使主轴反转的指令是（ ）。

A. M90   B. G01   C. M04   D. G91

52. 由机床的档块和行程开关决定的位置称为（ ）。

A. 机床参考点 B. 机床坐标原点 C. 机床换刀点 D. 编程原点

53. 在机床各坐标轴的终端设置有极限开关，由程序设置的极限称为（ ）。

A. 硬极限   B. 软极限   C. 安全行程   D. 极限行程

54. 数控机床 Z 坐标轴规定为（ ）。

A. 平行于主切削方向   B. 工件装夹面方向

C. 各个主轴任选一个   D. 传递主切削动力的主轴轴线方向

55. 在 FANUC 系统数控车床上，G92 指令是（ ）。

A. 单一固定循环指令   B. 螺纹切削单一固定循环指令

C. 螺纹复合循环指令   D. 螺纹切削单一固定指令

56. G76 指令中的 F 是指螺纹的（ ）。

A. 大径   B. 小径   C. 螺距   D. 导程

57. 用 $\phi1.73$ 三针测量 M30×3 的中径，三针读数值为（ ）mm。

A. 30   B. 30.644   C. 30.821   D. 31

58. 切断工件时，工件端面凸起或者凹下，原因可能是（ ）。

A. 丝杠间隙过大   B. 切削进给速度过快

C. 刀具已经磨损   D. 两副偏角过大且不对称

59. 框式水平仪主要应用于检验各种机床及其他类型设备导轨的直线度和设备安装的水平位置，垂直位置。在数控机床水平时通常需要（ ）块水平仪。

A. 2   B. 3   C. 4   D. 5

60. 下述几种垫铁中，常用于振动较大或质量为 10～15t 的中小型机床的安装（ ）。

A. 斜垫铁   B. 开口垫铁   C. 钩头垫铁   D. 等高铁

61. 数控机床在开机后，须进行回零操作，使 X、Z 各坐标轴运动回到（ ）。

A. 机床参考点 B. 编程原点   C. 工件零点   D. 机床原点

62. 当工件加工后尺寸有波动时，可修改（ ）中的数值至图样要求。

A. 刀具磨耗补偿 B. 刀具补正   C. 刀尖半径   D. 刀尖的位置

63. 锥度的定义是（ ）。

A. （大端－小端）/长度   B. （小端－大端）/长度

C. 大端除以小端的值   D. 小端除以大端的值

64. 主轴加工采用两中心孔定位，能在一次安装中加工大多数表面，符合（ ）原则。

A. 基准统一   B. 基准重合

C. 自为基准   D. 同时符合基准统一和基准重合

65. 相邻两牙在中径线上对应两点之间的（ ），称为螺距。

A. 斜线距离　　　　B. 角度　　　　　　C. 长度　　　　　　D. 轴向距离

66. 在 M20－6H/6g 中，6H 表示内螺纹公差代号，6g 表示（ ）公差带代号。

A. 大径　　　　　　B. 小径　　　　　　C. 中径　　　　　　D. 外螺纹

67. 切断时，（ ）措施能够防止产生振动。

A. 减小前角　　　　B. 增大前角　　　　C. 提高切削速度　　D. 减小进给量

68. 在相同切削速度下，钻头直径越小，转速应（ ）。

A. 越高　　　　　　B. 不变　　　　　　C. 越低　　　　　　D. 相等

69. 镗孔刀刀杆的伸出长度尽可能（ ）。

A. 短　　　　　　　　　　　　　　　　B. 长

C. 不要求　　　　　　　　　　　　　　D. 短、长、不要求均不对

70. 用百分表测量时，测量杆应预先有（ ）mm 压缩量。

A. 0.01～0.05　　B. 0.1～0.3　　　C. 0.3～1　　　D. 1～1.5

71. 千分尺微分筒转动一周，测微螺杆移动（ ）mm。

A. 0.1　　　　　　B. 0.01　　　　　C. 1　　　　　　D. 0.5

72. 使用深度千分尺测量时，不需要做（ ）。

A. 清洁底板测量面、工件的被测量面

B. 测量杆中心轴线与被测工件测量面保持垂直

C. 去除测量部位毛刺

D. 抛光测量面

73. 万能角度尺在（ ）范围内，应装上角尺。

A. 0°～50°　　　B. 50°～140°　　C. 140°～230°　　D. 230°～320°

74. 关于尺寸公差，下列说法正确的是（ ）。

A. 尺寸公差只能大于零，故公差值前应标"＋"号

B. 尺寸公差是用绝对值定义的，没有正、负的含义，故公差值前不应标"＋"号

C. 尺寸公差不能为负值，但可以为零

D. 尺寸公差为允许尺寸变动范围的界限值

75. 下列配合中，能确定孔轴配合种类为过度配合的为（ ）。

A. ES≥ei　　　　B. ES≤ei　　　　C. ES≥es　　　　D. es＞ES＞ei

76. 最小实体尺寸是（ ）。

A. 测量得到的　　B. 设计给定的　　C. 加工形成的　　D. 计算所出的

77. 孔的基本偏差的字母代表含义为（ ）。

A. 从 A 到 H 为上偏差，其余为下偏差　　B. 从 A 到 H 为下偏差，其余为上偏差

C. 全部为上偏差　　　　　　　　　　　　D. 全部为下偏差

78. 数控机床的急停按钮按下后的机床状态是（ ）。

A. 整台机床全部断电　　　　　　　　　B. 数控装置断电

C. 伺服系统断电　　　　　　　　　　　D. PLC 断电

79. 数控机床某轴进给驱动发生故障，可用（ ）来快速确定。

A. 参数检查法　　　　　　　　　　　　B. 功能程序测试法

C. 原理分析法　　　　　　　　　　　　D. 转移法

80. 下述几种垫铁中，常用于振动较大或质量为 $10 \sim 15t$ 的中小型机床的安装
（　　）。

A. 斜垫铁　　　　　　B. 开口垫铁　　　　　　C. 钩头垫铁　　　　　　D. 等高铁

得分	
评分人	

二、判断题（将判断结果填入括号中。正确的填"√"，错误的填"×"。每题 0.5
分，满分 20 分）。

1. （　　）企业的发展与企业文化无关。

2. （　　）"以遵纪守法为荣、以违法乱纪为耻"实质是把遵纪守法看成现代公民的
基本道德守则。

3. （　　）机械制图中标注绘图比例为 2∶1，表示所绘制图形是放大的图形，其绘
制的尺寸是零件实物尺寸的 2 倍。

4. （　　）省略一切标注的剖视图，说明它的剖切平面不通过机件的对称平面。

5. （　　）同一工件，无论用数控机床加工还是用普通机床加工，其工序都一样。

6. （　　）粗加工时，限制进给量的主要因素是切削力，精加工时，限制进给量的主
要因素是表面粗糙度。

7. （　　）在三爪卡盘上装夹大直径工件时，应尽量使用正爪卡盘。

8. （　　）夹紧力的作用点应远离工件加工表面，这样才便于加工。

9. （　　）逐点比较法直线插补中，当刀具切削点在直线上或其上方时，应向 $+X$
方向发一个脉冲，使刀具向 $+X$ 方向移动一步。

10. （　　）使用 Windows 98 中文操作系统，既可以用鼠标进行操作，也可以使用
键盘上的快捷键进行操作。

11. （　　）AutoCAD 只能绘制两维图形。

12. （　　）在刀尖圆弧补偿中，刀尖方向不同且刀尖方位号也不同。

13. （　　）系统操作面板上单段功能生效时，每按一次循环启动键只执行一个程
序段。

14. （　　）FANUC 系统 G74 端面槽加工指令可用于钻孔。

15. （　　）标准麻花钻顶角一般为 118°。

16. （　　）扩孔能提高孔的位置精度。

17. （　　）钟式百分表（千分表）测杆轴线与被测工件表面必须垂直，否则会产生
测量误差。

18. （　　）选用公差带时，应按常用、优先、一般公差带的顺序选取。

19. （　　）孔公差带代号 F8 中 F 确定了孔公差带的位置。

20. （　　）数控机床数控部分出现故障死机后，数控人员应关掉电源后再重新开机，
然后执行程序即可。

21. （　　）从业者从事职业的态度是价值观、道德观的具体表现。

22. （　　）职业道德对企业起到增强竞争力的作用。

23. （　　）企业要优质高效应尽量避免采用开拓创新的方法，因为开拓创新风险过大。

24. （　　）职业道德活动中做到表情冷漠、严肃待客是符合职业道德规范要求的。

25. （　　）电动机按结构及工作原理可分为异步电动机和同步电动机。

26. （　　）RAM 是随机存储器，断电后数据不会丢失。

27. （　　）W18Cr4V 是一种通用型高速钢。

28. （　　）企业的质量方针是每个技术人员（一般工人除外）必须认真贯彻的质量准则。

29. （　　）岗位的质量要求是每个职工必须做到的最基本的岗位工作职责。

30. （　　）采用斜视图表达倾斜构件可以反映构件的实形。

31. （　　）二维 CAD 软件的主要功能是平面零件设计和计算机绘图。

32. （　　）系统面板的功能键中，用于程序编制的是 POS 键。

33. （　　）操作工不得随意修改数控机床的各类参数。

34. （　　）如果不按下"选择停止开关"，则 M01 代码不起作用，程序继续执行。

35. （　　）螺纹每层加工的轴向起刀点位置可以改变。

36. （　　）使用反向切断法，卡盘和主轴部分必须装有保险装置。

37. （　　）镗孔比车外圆时选用的切削用量高。

38. （　　）操作工要做好车床清扫工作，保持清洁。认真执行交接班手续，作好交接班记录。

39. （　　）数控机床机械故障的类型有功能性故障、动作性故障、结构性故障和使用性故障等。

任务二　数控车三级理论试题样题

绍兴市职业技能等级认定试卷（标准化命题）

机构类型：　　　　　　**机构名称：**

数控车工高级理论知识试卷
注意事项

1. 考试时间：90 分钟。

2. 请首先按要求在试卷的标封处填写您的姓名、准考证号和所在单位的名称。

3. 请仔细阅读各种题目的回答要求，在规定的位置填写您的答案。

4. 不要在试卷上乱写乱画，不要在标封区填写无关的内容。

	一	二	三	四	五	总分
得分						

得分	
评分人	

一、单项选择题（第 1 题～第 60 题。选择一个正确的答案，将相应的字母填入题内的括号中。每题 1 分，满分 60 分）。

1. 职业道德是（　　）。

A. 社会主义道德体系的重要组成部分　　B. 保障从业者利益的前提

C. 劳动合同订立的基础　　　　　　　　D. 劳动者的日常行为规则

2. 关于企业文化，你认为正确的是（　　）。

A. 企业文化是企业管理的重要因素

B. 企业文化是企业的外在表现

C. 企业文化产生于改革开放过程中的中国

D. 企业文化建设的核心内容是文娱和体育活动

3. 需要凸轮和从动杆在同一平面内运动，且行程较短，应该采用（　　）。

A. 圆锥凸轮　　　B. 移动凸轮　　　C. 圆柱凸轮　　　D. 盘状凸轮

4. 最常见的减压回路通过定值减压阀和主回路相连，但是回路中要加入（　　）防止主油路压力低于减压阀调整压力时引起的油液倒流。

A. 保压回路　　　B. 单向阀　　　C. 溢流阀　　　D. 安全阀

5. 在液压系统中对液压油性能最为敏感是（　　）。

A. 液压泵　　　B. 阀　　　C. 管道　　　D. 液压缸

6. 下列电器中，（　　）能够起过载保护作用并能够复位。

A. 热继电器　　　B. 接触器　　　C. 熔断器　　　D. 组合开关

7. 晶体管时间继电器消耗的功率（　　）电磁式时音继电器消耗的功率。

A. 小于　　　B. 等于　　　C. 大于　　　D. 远大于

8. 数控机床伺服系统以（　　）为控制目标。

A. 加工精度　　　B. 位移量和速度量　　C. 切削力　　　D. 切削速度

9. 采用开环伺服系统的机床使用的执行元件是（　　）。

A. 直流伺服电动机　　B. 步进电动机　　　C. 电液脉冲马达　　　D. 交流伺服电机

10. 球墨铸铁的牌号由（　　）以及后两组数字组成。

A. HT　　　B. QT　　　C. KTH　　　D. RuT

11. 钢材淬火时为了（　　），需要选择合适的设备。

A. 变形　　　B. 开裂　　　C. 硬度偏低　　　D. 氧化和脱碳

12. 积屑瘤发生在（　　）。

A. 高速切削塑性材料　　　　　　B. 中速切削塑性材料

C. 高速切削脆性材料　　　　　　D. 中速切削脆性材料

13. 偏心轴零件图采用一个（　　）、一个左视图和轴肩槽放大的表达立法。

A. 局部视图   B. 俯视图   C. 主视图   D. 剖面图

14. （   ）是推力调心滚子轴承。

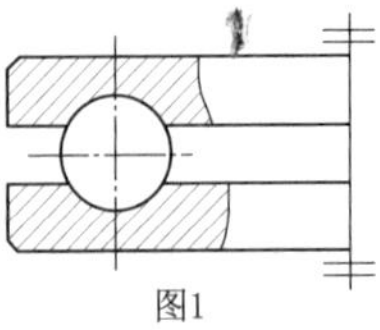

图1 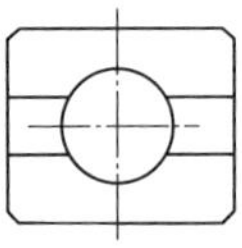   图2

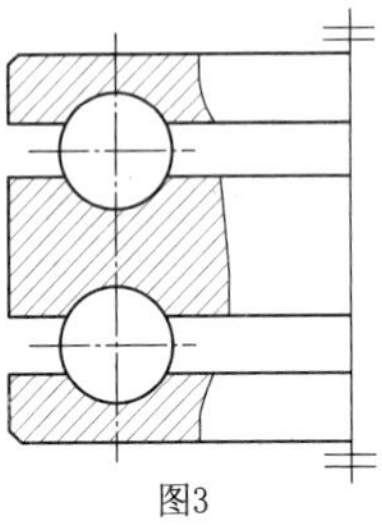

图3 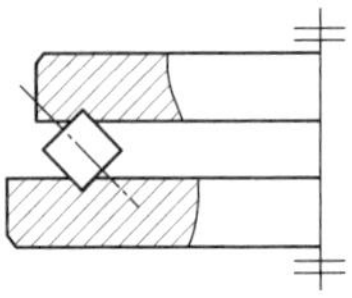   图4

A. 图 1   B. 图 2   C. 图 3   D. 图 4

15. 圆偏心夹紧机构的缺点是（   ）。

A. 夹紧、松开速度慢   B. 夹紧力小

C. 自锁性较差   D. 结构复杂

16. 切削高温合金时吃刀深度要大些，是因为（   ）。

A. 提高效率   B. 降低单位载荷

C. 易于排屑   D. 防止在硬化层切削

17. 在数控车床精车球形手柄零件时一般使用（   ）车刀。

A. 90°外圆   B. 45°外圆   C. 圆弧形外圆   D. 槽形

18. 刃磨硬质合金刀具应选用（   ）。

A. 白刚玉砂轮   B. 单晶刚玉砂轮   C. 绿碳化硅砂轮   D. 立方氮化硼砂轮

19. 对有色金属进行高速切削应选用（   ）。

A. 金刚石刀具   B. 立方氮化硼（CBN）

C. 涂层硬质合金   D. 陶瓷刀具

20. 子程序是不能脱离（   ）而单独运行的（FANUC 系统、华中系统）。

A. 主程序   B. 宏程序

C. 单一循环程序   D. 多重复合循环程序

21. 下面以 M99 作为程序结束的程序是（   ）（FANUC 系统、华中系统）。

A. 主程序   B. 子程序   C. 增量程序   D. 宏程序

22. 程序段 G94 X __ Z __ K __ F __ 中，X __ Z __ 定义的是（   ）（FANUC 系统）。

A. 此程序段的循环终点坐标   B. 此程序段的循环起点坐标

C. 此程序段的切削终点坐标   D. 此程序段的切削起点坐标

23. 程序段 G70 P __ Q __ 中，P __ 为（   ）（FANUC 系统）。

A. 精加工路线起始程序段段号   B. 精加工路线末程序段段号

C. X 方向精加工预留量　　　　　　　D. X 方向精加工退刀量

24. 在 G72 W(Δd)R(E)；G72 P(ns)Q(nf)U(Δu)W(Δw)F(f)S(s)T(t)；程序格式中，（　　）表示精加工路径的第一个程序段顺序号（FANUC 系统）。

　　A. Δw　　　　　　B. ns　　　　　　C. Δu　　　　　　D. nf

25. 在 FANUC 数控系统中，可以独立使用并保存计算结果的变量为（　　）（FANUC 系统）。

　　A. 空变量　　　　B. 系统变量　　　　C. 公共变量　　　　D. 局部变量

26. 表示余弦函数的运算指令是（　　）（FANUC 系统、华中系统）。

　　A. #i=TAN[#j]　B. #i=ACOS[#j]　C. #i=COS[#j]　D. #i=SIN[#j]

27. 宏指令的比较运算符中"EQ"表示（　　）（FANUC 系统、华中系统）。

　　A. =　　　　　　B. ≠　　　　　　C. ≤　　　　　　D. >

28. 运算式 #jGT#k 中关系运算符 GT 表示（　　）（FANUC 系统、华中系统）。

　　A. 与　　　　　　B. 非　　　　　　C. 大于　　　　　　D. 加

29. 宏指令的比较运算符中"LT"表示（　　）（FANUC 系统、华中系统）。

　　A. <　　　　　　B. ≠　　　　　　C. ≥　　　　　　D. ≤

30. 子程序是不能脱离（　　）而单独运行的（SIEMENS 系统）。

　　A. 主程序　　　　B. 宏程序　　　　C. 循环程序　　　　D. 跳转程序

31. 程序段 G81 X＿Z＿K＿F＿中，X＿Z＿定义的是（　　）（华中系统）。

　　A. 此程序段的循环终点坐标　　　　B. 此程序段的循环起点坐标

　　C. 此程序段的切削终点坐标　　　　D. 此程序段的切削起点坐标

32. 程序段 G73 U(Δi)W(Δk)R(r)P(ns)Q(nf)X(Δx)Z(Δz)F(f)S(s)T(t)；中，（　　）表示 X 轴方向上的精加工余量（华中系统）。

　　A. Δz　　　　　　B. Δx　　　　　　C. ns　　　　　　D. nf

33. GOTOF MARKE1；…；MARKE1：…；是（　　）（SIEMENS 系统）。

　　A. 赋值语句　　　B. 条件跳转语句　　C. 循环语句　　　　D. 无条件跳转语句

34. 在 WHILE 后指定一个条件表达式，当指定条件不满足时，则执行（　　）（华中系统）。

　　A. WHILE 之前的程序　　　　　　　B. EWHILE 到 ENDW 之间的程序

　　C. ENDW 之后的程序　　　　　　　D. 程序直接结束

35. 系统面板上 OFFSET 键的功能是（　　）量设定与显示。

　　A. 补偿　　　　　B. 加工余　　　　C. 偏置　　　　　　D. 总余

36. 常用的数控系统异地程序输入方式称为（　　）。

　　A. DNC　　　　　B. RS232　　　　C. TCP/IP　　　　D. 磁盘传送

37. （　　）是传输速度最快的联网技术。

　　A. RS232C 通信接口　B. 计算机局域网　　C. RS422 通信接口　D. 现场总线

38. 车削外圆时发现由于刀具磨损，直径超差 −0.01mm，刀具偏置中的磨损补偿应输入的补偿值为（　　）。

　　A. 0.02　　　　　B. 0.01　　　　　C. −0.02　　　　　D. −0.01

39. 数控车床的换刀指令代码是（   ）。

A. M   B. S   C. D   D. T

40. 当刀尖半径为 0.2mm，要求表面粗糙度值小于 10μ，车削进给量 F 应取（   ）mm/r。

A. 0.063   B. 0.12   C. 0.25   D. 0.3

41. 车孔的关键技术是解决（   ）问题。

A. 车刀的刚性   B. 排屑
C. 车刀的刚性和排屑   D. 冷却

42. 切削液由刀杆与孔壁的空隙进入将切屑经钻头前端的排屑孔冲入刀杆内部排出的是（   ）。

A. 喷吸钻   B. 外排屑枪钻   C. 内排屑深孔钻   D. 麻花钻

43. 铰孔和浮动镗孔等加工都是遵循（   ）原则的。

A. 互为基准   B. 自为基准   C. 基准统一   D. 基准重合

44. 一个工艺尺寸链中有（   ）个封闭环。

A. 1   B. 2   C. 3   D. 多

45. 封闭环的下偏差等于各增环的下偏差（   ）各减环的上偏差之和。

A. 之差加上   B. 之和减去   C. 加上   D. 之积加上

46. 千分表比百分表的放大比（   ），测量精度（   ）。

A. 大，高   B. 大，低   C. 小，高   D. 小，低

47. 使用百分表时，为了保持一定的起始测量力，测头与工件接触时测杆应有（   ）的压缩量。

A. 0.1～0.3mm   B. 0.3～1.0mm   C. 1.0～1.5mm   D. 1.5～2.0mm

48. 普通螺纹的中径可以用（   ）测量。

A. 螺纹千分尺   B. 螺距规   C. 外径千分尺   D. 百分表

49. 三针测量法中用的量针直径尺寸与（   ）。

A. 螺距与牙型角度有关   B. 螺距有关、与牙型角无关
C. 螺距无关、与牙型角有关   D. 牙型角有关

50. 孔 $\phi 25$ 上偏差 +0.021，下偏差 0 与轴 $\phi 25$ 上偏差 −0.020，下偏差 −0.033 相配合时，其最大间隙是（   ）。

A. 0.02   B. 0.033   C. 0.041   D. 0.054

51. 用完全互换法装配机器，一般适用于（   ）的场合。

A. 大批大量生产   B. 高精度多环尺寸链
C. 高精度少环尺寸链   D. 单件小批量生产

52. 国标规定，对于一定的基本尺寸，其标准公差共有（   ）个等级。

A. 10   B. 18   C. 20   D. 28

53. 在表面粗糙度的评定参数中，轮廓算术平均偏差代号是（   ）。

A. Ra   B. Rz   C. Ry   D. Rx

54. 关于表面粗糙度对零件使用性能的影响，下列说法中错误的是（   ）。

A. 零件表面越粗糙，则表面上凹痕就越深

B. 零件表面越粗糙，则产生应力集中现象就越严重

C. 零件表面越粗糙，在交变载荷的作用下，其疲劳强度会提高

D. 零件表面越粗糙，越有可能因应力集中而产生疲劳断裂

55. 由温度、振动等因素引起的测量误差是（　　）。

A. 操作误差　　　　B. 环境误差　　　　C. 方法误差　　　　D. 量具误差

56. 越靠近传动链末端的传动件的传动误差，对加工精度影响（　　）。

A. 越小　　　　　　B. 不确定　　　　　C. 越大　　　　　　D. 无影响

57. 加工时采用了近似的加工运动或近似刀具的轮廓产生的误差称为（　　）。

A. 加工原理误差　　B. 车床几何误差　　C. 刀具误差　　　　D. 调整误差

58. 主轴的轴向窜动和径向跳动会引起（　　）。

A. 机床导轨误差　　B. 夹具制造误差　　C. 调整误差　　　　D. 主轴回转运动误差

59. 影响机床工作精度的主要因素是机床的热变形、机床的振动和（　　）。

A. 机床的刚度　　　B. 机床的寿命　　　C. 机床的传动精度　D. 快速响应性能

60. 在 CNC 系统的以下各项误差中，（　　）是不可以用软件进行误差补偿，提高定位精度的。

A. 由摩擦力变动引起的误差　　　　　　B. 螺距累积误差

C. 机械传动间隙　　　　　　　　　　　D. 机械传动元件的制造误差

二、多项选择题（第 61 题～第 70 题。选择一个正确的答案，将相应的字母填入题内的括号中。每题 1.5 分，满分 15 分）。

61. 适当提高钢中的（　　）有利于改善钢的切削性能。

A. 硅　　　　　B. 锰　　　　　C. 硫　　　　　D. 磷　　　　　E. 镍

62. 影响刀具耐用度的因素有（　　）。

A. 刀具材料　　B. 切削用量　　C. 零件形状　　D. 刀具几何角度　E. 工件材料

63. 零件图中可以采用简化画法的小结构有（　　）。

A. 圆角　　　　B. 45°倒角　　C. 凹坑　　　　D. 沟槽　　　　E. 刻线

64. 同一个工序的加工是指（　　）的加工。

A. 同一个机床　B. 同一批工件　C. 同一把刀　　D. 一次进刀

65. 职业道德的特点是（　　）

A. 职业道德具有明显的广泛性

B. 职业道德具有连续性

C. 通过公约、守则的形式，使职业道德具体化、规范化

D. 职业道德具有的原则是集体主义

E. 职业道德具有形式上的多样性

66. 采用（　　）的方法不仅会改变钢的组织而且钢的表层化学成分也发生变化。

A. 淬火　　　　B. 退火或正火　C. 发黑　　　　D. 渗碳　　　　E. 渗金属

67. 制定企业标准要（　　）。

A. 贯彻国家和地方有关的方针政策　　　　B. 保护消费者利益

C. 有利于企业技术进步　　　　　　　　　　D. 不必考虑产品质量

68. 接触器、助触头和（　　）。

A. 电磁系统　　B. 触头系统　　C. 电磁线圈　　D. 灭弧机构　　E. 释放弹簧机构

69. 数控机床刀具系统的指标包括（　　）。

A. 刀架（库）容量　　　　　　　　　B. 刀柄（杆）规格

C. 刀具最大重量　　　　　　　　　　D. 换刀时间

E. 重复定位精度

70. 采用闭环系统数控机床，（　　）会影响其定位精度。

A. 数控系统工作不稳定性　　　　　　B. 机床传动系统刚性不足

C. 传动系统有较大间隙　　　　　　　D. 机床运动副爬行

E. 位置检测装置失去精度

三、判断题（第 71 题～第 120 题。将判断结果填入括号中。正确的填"√"，错误的填"×"。每题 0.5 分，满分 25 分）。

71. （　　）市场经济条件下，应该树立多转行多学知识多长本领的择业观念。

72. （　　）团队精神能激发职工更大的能量，发掘更大的潜能。

73. （　　）切屑带走热量的能力取决于工件材料的导热率。

74. （　　）插齿加工齿轮的齿形不存在理论误差。

75. （　　）测绘零件时需要了解该零件的作用。

76. （　　）切削用量中，影响切削温度最大的因素是切削速度。

77. （　　）小锥度心轴的锥度越小定心精度越高。

78. （　　）切削加工金属材料的难易程度称为切削加工性能。

79. （　　）子程序可以被不同主程序多重调用（FANUC 系统、华中系统）。

80. （　　）椭圆参数方程为 $X = a\cos\theta$；$Y = b\sin\theta$（SIEMENS 系统）。

81. （　　）薄壁零件在夹紧力的作用下容易产生变形，常态下工件的弹性复原能力将直接影响工件的尺寸精度和形状精度。

82. （　　）G11/2 是牙形角 55°的锥管螺纹。

83. （　　）采用复合螺纹加工指令车削加工螺距螺纹，螺纹的实际牙型角取决于刀尖角参数值（或切入角参数值）。

84. （　　）封闭环的最大极限尺寸等于各增环的最大极限尺寸之和减去各减环的最小极限尺寸之和。

85. （　　）若回转轴前工序加工径向尺寸为 d_1，本工序加工径向尺寸为 d_2，则其在直径上的工序余量为 $d_1 - d_2$。

86. （　　）定期检查、清洗润滑系统、添加或更换油脂油液，使丝杆、导轨等运动部件保持良好的润滑状态，目的是降低机械的磨损。

87. （　　）CAD 中的 STL 格式适用于快速成型技术的数据格式。

88. （　　）单步运行常在程序开始执行时使用。

89. （　　）使用弹性心轴可降低对定位孔径精度的要求。

90. （　　）切削紫铜材料工件时，选用刀具材料应以 YT 硬质合金钢为主。

91. （　　） 从业者从事职业的态度是价值观、道德观的具体表现。

92. （　　） 团队精神能激发职工更大的能量，发掘更大的潜能。

93. （　　） 金属切削加工时，提高切削速度可以有效降低切削温度。

94. （　　） 电解磨削可得到较小的表面粗糙度值。

95. （　　） 螺旋压板夹紧装置夹紧力的大小与螺纹相对压板的位置无关。

96. （　　） 零件图的明细栏填写序号应该从下往上，由大到小填写。

97. （　　） 测绘装配体时，标准件不必绘制操作。

98. （　　） 切削加工中，一般先加工出基准面，再以它为基准加工其他表面。

99. （　　） 切削用量中，影响切削温度最大的因素是切削速度。

100. （　　） 数控车床自动换刀的选刀和换刀用一个指令完成。

101. （　　） 单步运行常在程序开始执行时使用。

102. （　　） 精车螺纹时吃刀量太小会产生刮挤现象，刀屑刮伤已加工表面，常常使牙形表面粗糙度超差。

103. （　　） 直径为 $\phi20$mm、深度为 50mm 的孔是深孔。

104. （　　） 深孔钻削中出现孔尺寸超差的原因有钻头角度和位置不对、钻头引偏、进给量太大等。

105. （　　） 深孔钻削时切削速度越小越好。

106. （　　） 深孔钻上多刃和错齿利于分屑碎屑。

107. （　　） 封闭环的最大极限尺寸等于各增环的最大极限尺寸之和减去各减环的最小极限尺寸之和。

108. （　　） 手铰铰削时，两手用力要均匀、平稳地旋转，不得有侧向压力。

109. （　　） 通过尺寸链计算可以求得封闭环或某一组成环的尺寸及公差。

110. （　　） 如果数控机床主轴轴向窜动超过公差，那么切削时会产生较大的振动。

111. （　　） 用数显技术改造后的机床就是数控机床。

112. （　　） 车削中心必须配备动力刀架。

113. （　　） 在编辑过程中出现"NOT READY"报警，则多数原因是急停按钮起了作用。

114. （　　） 主轴变频器的故障常有过压、欠压、过流。

115. （　　） 数控系统出现故障后，如果了解了故障的全过程并确认通电对系统无危险时，就可通电进行观察、检查故障。

116. （　　） 数控机床的失动量可以通过螺距误差补偿来解决。

117. （　　） 数控机床对刀具的要求是高的耐用度、高的交换精度和快的交换速度。

118. （　　） 数控机床和普通机床一样都是通过刀具切削完成对零件毛坯的加工，因此二者的工艺路线是相同的。

119. （　　） 固定循环是预先给定一系列操作，用来控制机床的位移或主轴运转。

120. （　　） 为了防止尘埃进入数控装置内，所以电气柜应做成完全密封的。

任务三　数控车二级理论试题样题

绍兴市职业技能等级认定试卷（标准化命题）

机构类型：　　　　　　机构名称：

（职业名称及等级）理论知识试卷
注意事项

1. 考试时间：60 分钟。

2. 请首先按要求在试卷的标封处填写您的姓名、准考证号和所在单位的名称。

3. 请仔细阅读各种题目的回答要求，在规定的位置填写您的答案。

4. 不要在试卷上乱写乱画，不要在标封区填写无关的内容。

	一	二	三	四	五	总分
得分						

得分	
评分人	

一、单项选择题（第 1 题～第 20 题。选择一个正确的答案，将相应的字母填入题内的括号中。每题 1 分，满分 20 分）。

1. 图样中螺栓的底径线用（　　　）绘制。

A. 粗实线　　　　B. 细点划线　　　　C. 细实线　　　　D. 虚线

2. 公差为 0.01 的 $\phi 10$ 轴与公差为 0.01 的 $\phi 100$ 轴相比加工精度（　　　）。

A. 10 高　　　　B. 100 高　　　　C. 差不多　　　　D. 无法判断

3. 图样中所标注的尺寸，为零件的（　　　）完工尺寸。

A. 第一道工序　　B. 最后一道工序　　C. 第二道工序　　D. 中间检查工序

4. 以下（　　　）不属于滚珠丝杠螺母副的特点。

A. 传动效率高　　B. 灵敏度高　　　　C. 寿命长　　　　D. 自锁性好

5. 配合代号 G6/h5 应理解为（　　　）配合。

A. 基孔制间隙　　B. 基轴制间隙　　　C. 基孔制过渡　　D. 基轴制过渡

6. 钢和铁的区别在于含碳量的多少，理论上含碳量在（　　　）以下的合金称为钢。

A. 0.25％　　　　B. 0.60％　　　　C. 1.22％　　　　D. 2.11％

7. 轴类零件的调质处理——热处理工序安排在（　　　）。

A. 粗加工前　　　B. 粗加工后，精加工前　　C. 精加工后　　D. 渗碳后

8. 传统螺纹一般都采用（　　　）。

A. 普通螺纹　　　B. 管螺纹　　　　C. 梯形螺纹　　　D. 矩形螺纹

9. （　　　）用来改变主动轴和从动轴之间的传动比。

A. 变速机构　　　B. 电动机　　　　C. 发电机　　　　D. 制动装置

10. 以下属于摩擦转动的是（　　）。

A. 链传动　　　　　　B. 带传动　　　　　　C. 齿轮传动　　　　　　D. 螺旋传动

11. 一般工作条件下，齿面硬度 $HB \leqslant 350$ 的闭式齿轮传动，通常的主要失效形式为（　　）。

A. 轮齿疲劳折断　　B. 齿面疲劳点蚀　　　　C. 齿面胶合　　　　D. 齿面塑性变形

12. 带传动在工作时产生弹性滑动，是由于（　　）。

A. 包角 α 太小　　　　　　　　　　　　　B. 初拉力 F_0 太小

C. 紧边与松边拉力不等　　　　　　　　　　D. 传动过载

13. 下列四种型号的滚动轴承，只能承受径向载荷的是（　　）。

A. 6208　　　　　　B. N208　　　　　　　C. 3208　　　　　　D. 5208

14. 下列四种螺纹，自锁性能最好的是（　　）。

A. 粗牙普通螺纹　　B. 细牙普通螺纹　　　　C. 梯形螺纹　　　　D. 锯齿形螺纹

15. 在润滑良好的条件下，为提高蜗杆传动的啮合效率，可采用的方法为（　　）。

A. 减小齿面滑动速度 v_s　　　　　　　　　B. 减少蜗杆头数 Z_1

C. 增加蜗杆头数 Z_1　　　　　　　　　　　D. 增大蜗杆直径系数 q

16. 在圆柱形螺旋拉伸（压缩）弹簧中，弹簧指数 C 是指（　　）。

A. 弹簧外径与簧丝直径之比值　　　　　　B. 弹簧内径与簧丝直径之比值

C. 弹簧自由高度与簧丝直径之比值　　　　D. 弹簧中径与簧丝直径之比值

17. 普通平键接连采用两个键时，一般两键间的布置角度为（　　）。

A. 90°　　　　　　　B. 120°　　　　　　　C. 135°　　　　　　D. 180°

18. V 带在减速传动过程中，带的最大应力发生在（　　）。

A. V 带离开大带轮处　　　　　　　　　　B. V 带绕上大带轮处

C. V 带离开小带轮处　　　　　　　　　　D. V 带绕上小带轮处

19. 对于普通螺栓连接，在拧紧螺母时，螺栓所受的载荷是（　　）。

A. 拉力　　　　　　　B. 扭矩　　　　　　　C. 压力　　　　　　D. 拉力和扭矩

20. 滚子链传动中，链节数应尽量避免采用奇数，这主要是因为采用过度链节（　　）。

A. 制造困难　　　　　　　　　　　　　　B. 要使用较长的销轴

C. 不便于装配　　　　　　　　　　　　　D. 链板要产生附加的弯曲应力

得分	
评分人	

二、判断题（第 21 题～第 40 题。将判断结果填入括号中。正确的填"√"，错误的填"×"。每题 1 分，满分 20 分）。

（　　）21. 广泛应用的三视图为主视图、俯视图、左视图。

（　　）22. 机械制图图样上所用的单位为 cm。

（　　）23. 在三爪卡盘中，工件被夹紧了，说明其六个自由度均被限制了。

（　　）24. 退火与回火都可以消除钢中的应力，所以在生产中可以通用。

（　　）25. 牌号 T4 和 T7 是纯铜。

（ ） 26. 增大后角可减少摩擦，故精加工时后角应较大。

（ ） 27. 车细长轴时，为减少热变形伸长，应加充分的冷却液。

（ ） 28. 我国动力电路的电压是 380V。

（ ） 29. 工件在夹具中定位时，欠定位和过定位都是不允许的。

（ ） 30. 零件的表面粗糙度值越小，越易加工。

（ ） 31. 数控机床加工是工序集中的典型例子。

（ ） 32. 圆弧插补用 I、J 来指定圆时，I、J 取值取决输入方式是绝对编程方式还是增量方式。

（ ） 33. G92 通过刀具的当前位置设定时，机床移动部件不产生运动。

（ ） 34. 指令 G71，G72 的选择主要看工件的长径比，长径比小时要用 G71。

（ ） 35. 用直线段或圆弧段去逼近非圆曲线，逼近线段与被加工曲线的交点称为基点。

（ ） 36. 数控机床各坐标轴进给运动的精度极大影响到零件的加工精度，在闭环和半闭环进给系统中。机械传动部件的特性对运动精度没有影响。

（ ） 37. 球头铣刀的刀位点是刀具中心线与球面的交点。

（ ） 38. 螺纹切削指令 G32 中的 R、E 是指螺纹切削的退尾量，一般是以增量方式指定。

（ ） 39. 固定孔加工循环中，在增量方式下定义 R 平面，其值是指 R 平面到孔底的增量值。

（ ） 40. G96 S300 表示到消恒线速，机床的主轴每分钟旋转 300r。

得分	
评分人	

三、多项选择题（第 41 题～第 50 题。选择正确的答案，将相应的字母填入题内的括号中。每题 1 分，满分 10 分）。

41. 开拓创新的具体要求是（ ）。

A. 有创造意识   B. 科学思维

C. 有坚定的信心和意志   D. 说干就干，边干边想

42. 维护企业信誉必须做到（ ）。

A. 树立产品质量意识   B. 重视服务质量，树立服务意识

C. 保守企业一切秘密   D. 妥善处理顾客对企业的投诉

43. 职业道德的主要内容有（ ）等。

A. 爱岗敬业   B. 个人利益至上   C. 无序竞争   D. 诚实守信

44. 确定加工余量时，应考虑的因素有（ ）。

A. 前工序的尺寸公差   B. 前工序的相互位置公差

C. 本工序的安装误差   D. 材料热处理变形

45. 职业纪律包括（ ）等。

A. 劳动纪律   B. 组织纪律   C. 财经纪律   D. 群众纪律

46. 职业纪律具有的特点是（　　）。

A. 明确的规定性　　B. 一定的强制性　　　　C. 一定的弹性　　　D. 一定的自我约束性

47. 表面化学热处理的主要目的是（　　）。

A. 提高耐磨性　　　B. 提高耐蚀性　　　　　C. 提高抗疲性　　　D. 表面美观

48. 爱岗敬业的具体要求有（　　）。

A. 树立职业理想　　B. 提高道德修养　　　　C. 强化职业责任　　D. 提高职业技能

49. 封闭环的基本尺寸（　　）。

A. 等于各增环的基本尺寸之和减去各减环的基本尺寸之和

B. 与减环的基本尺寸无关

C. 一定小于或等于增环的基本尺寸之和

D. 有可能为负值

50. 关于爱岗敬业的说法中，你认为正确的是（　　）。

A. 爱岗敬业是现代企业精神

B. 现代社会提倡人才流动，爱岗敬业正逐步丧失它的价值

C. 爱岗敬业要树立终身学习观念

D. 发扬螺丝钉精神是爱岗敬业的重要表现

得分	
评分人	

四、填空题（第 51 题～第 60 题。选择一个正确的答案，将相应的字母填入题内的括号中。每题 1 分，满分 10 分）。

51. 车床中摩擦离合器的功能是实现_____，另一功能是起_____。

52. 切削过程中的金属_____与_____所消耗的功，绝大部分转变成热能。

53. CA6140 型卧式车床主轴的最大通过直径是_____，主轴孔锥度是_____莫氏锥度。

54. 图样上符号 ○ 是_____公差的_____度。符号 // 是_____公差的_____度。

55. 机夹可转位车刀由_____、_____、_____组成。

56. 车刀后角是_____与_____的夹角，后角的作用是减少车刀_____与_____的摩擦。

57. 机床离合器一般有_____离合器、_____离合器、_____离合器。

58. 车床的开合螺母的作用是_____或_____由丝杠传来的动力。

59. 套螺纹是用_____切削_____的一种方法，攻螺纹是用_____切削_____的一种方法。

60. 一般读零件图采用四个步骤，分别为_____、_____、_____、_____。

得分	
评分人	

五、简答题（第 61 题～第 64 题。每题 5 分，满分 20 分）。

61. 简述对刀点、刀位点、换刀点概念。

62. 指出粗车循环指令格式：G71　P（ns）Q（nf）U（Δu）W（ΔW）中各项数字符号和含义。

63. 加工对刀具有何要求？常用数控车床车刀有哪些类型？

64. 什么叫机械零件的计算准则？常用的机械零件的计算准则有哪些？

得分	
评分人	

六、论述题（满分 10 分）。

65. 试述 CNC 系统两种典型的软件结构。

得分	
评分人	

七、计算题（满分 10 分）。

66. 已知 V 带传动中，最大传递功率 $P=8kW$，带的速度 $v=10m/s$，若紧边拉力 F_1 为松边拉力 F_2 的 2 倍，此时小带轮上包角 $\alpha_1=120°$，求：（1）有效拉力 F_e；（2）紧边拉力 F_1；（3）当量摩擦系数 f'。

参 考 答 案

任务一　数控车四级理论试题样题

一、单项选择题

1. A　2. D　3. B　4. B　5. D　6. A　7. D　8. B　9. C　10. A

11. A　12. C　13. D　14. B　15. C　16. B　17. B　18. A　19. B　20. C

21. B　22. B　23. C　24. B　25. C　26. B　27. C　28. D　29. D　30. B

31. D　32. A　33. A　34. D　35. C　36. D　37. D　38. C　39. A　40. A

41. C　42. A　43. B　44. A　45. C　46. A　47. B　48. D　49. A　50. D

51. C　52. A　53. B　54. D　55. B　56. D　57. B　58. D　59. A　60. C

61. A　62. A　63. E　64. D　65. D　66. A　67. B　68. A　69. A　70. C

71. D　72. D　73. C　74. B　75. D　76. B　77. B　78. C　79. D　80. C

二、判断题

1. ×　2. √　3. √　4. ×　5. ×　6. √　7. ×　8. ×　9. √　10. √

11. ×　12. √　13. √　14. √　15. √　16. ×　17. √　18. ×　19. √　20. ×

21. √　22. √　23. ×　24. ×　25. √　26. ×　27. √　28. ×　29. √　30. √

31. √　32. ×　33. ×　34. √　35. √　36. ×　37. √　38. ×　39. √　40. √

任务二　数控车三级理论试题样题

一、单项选择题

1. A　2. A　3. D　4. B　5. A　6. A　7. A　8. B　9. B　10. B

11. D　12. B　13. C　14. D　15. C　16. D　17. C　18. C　19. A　20. A

21. B　22. C　23. A　24. B　25. D　26. C　27. A　28. C　29. A　30. A

31. C　32. B　33. D　34. C　35. C　36. A　37. D　38. B　39. D　40. B

41. C　42. C　43. B　44. A　45. B　46. A　47. B　48. A　49. B　50. D

51. A　52. C　53. A　54. C　55. B　56. C　57. B　58. D　59. A　60. D

二、多项选择题

61. CD　62. ABDE　63. AB　　64. AB　　　65. BCE

66. DE　67. ABC　68. ABDE　69. ABCDE　70. BCDE

三、判断题

71. ×　72. √　73. √　74. √　75. √

76. √　77. √　78. √　79. √　80. √

81. √　82. ×　83. ×　84. √　85. √

86. √　87. √　88. √　89. √　90. ×

91. √　92. √　93. √　94. √　95. ×

96. ×　97. √　98. √　99. √　100. √

101. √　102. √　103. ×　104. √　105. ×

106. √　107. √　108. √　109. √　110. √

111. ×　112. √　113. √　114. √　115. √

116. ×　117. √　118. ×　119. √　120. ×

任务三　数控车二级理论试题样题

一、单项选择题

1. C　2. B　3. B　4. D　5. B

6. D　7. B　8. C　9. A　10. B

11. B　12. C　13. B　14. D　15. C

16. D　17. B　18. D　19. D　20. D

二、判断题

21. √　22. ×　23. ×　24. ×　25. ×

26. ×　27. √　28. √　29. √　30. ×

31. ×　32. ×　33. √　34. ×　35. √

36. ×　37. √　38. √　39. ×　40. ×

三、多项选择题

41. ABC　42. ABCD　43. AD　44. ABCD　45. ABCD　46. AB

47. ABC　48. ABCD　49. AC　50. ACD

四、填空题

51. 传递扭矩，过载保护

52. 变形，摩擦

53. 48mm，6

54. 形状，圆，位置，平行

55. 刀片，刀垫，刀柄

56. 后刀面，切削平面，后刀面，工件

57. 啮合式，摩擦，超越

58. 接通，断开

59. 圆板牙，外螺纹，丝锥，内螺纹

60. 看标题栏，分析图形，分析尺寸标注，明确技术要求

五、简答题

61. 答：对刀点是指通过对刀确定刀具与工件相对位置的基准点。对刀点往往就是零件的加工原点，"刀位点"是指刀具的定位基准点，如钻头是钻尖，球刀是球心；换刀点是为加工中心、数控车床等多刀加工的机床编程而设置的，为防止换刀时碰伤零件或夹具，换刀点常常设置在被加工零件轮廓之外，并要有一定的安全量。

62. 答：ns——精加工形状程序段中的开始程序段号；

　　　　nf——精加工形状程序段中的结束程序段号；

Δu——X 轴方向精加工余量；

Δw——Z 轴方向精加工余量。

63. 答：数控加工对刀具的要求更高，不仅要求精度高、刚度好、耐用度高，而且要求尺寸稳定、安装调试方便。

常用的车刀一般可分为将硬质合金刀片焊接在刀体上的焊接式车刀和机械夹固式车刀两种。

机械零件的计算准则就是为防止机械零件的失效而制定的判定条件，常用的准则有强度准则、刚度准则、寿命准则、振动稳定性准则、可靠性准则等。

64. 机械零件的计算准则就是为防止机械零件的失效而制定的判定条件，常用的准则有强度准则、刚度准则、寿命准则、振动稳定性准则、可靠性准则等。

六、论述题

65. 答：目前 CNC 系统的软件一般采用两种典型的结构：一是前后台型结构；二是中断型结构。

（1）前后台型结构。将 CNC 系统整个控制软件分为前台程序和后台程序。前台程序是一个实时中断服务程序，实现插补、位置控制及机床开关逻辑控制等实时功能；后台程序又称背景程序，是一个循环运行程序，实现数控加工程序的输入和预处理（即译码、刀补计算和速度计算等数据处理）以及管理的各项任务。前台程序和后台程序相互配合完成整个控制任务。工作过程大致是，系统启动后，经过系统初始化，进入背景程序循环中。在背景程序的循环过程中，实时中断程序不断插入完成各项实时控制任务。

（2）中断型结构。多重中断型软件结构没有前后台之分，除了初始化程序外，把控制程序安排成不同级别的中断服务程序，整个软件是一个大的多重中断系统。系统的管理功能主要通过各级中断服务程序之间的通信来实现。

七、计算题

66. 解：

有效拉力 $F_e = 1000P/v = 1000 \times 8/10 = 800$（N）（3分）

又知：$F_1 - F_2 = F_e$，$F_1 = 2F_2$

则紧边拉力 $F_1 = 2$，$F_e = 1600$（N）（3分）

根据欧拉公式

$$\frac{F_1}{F_2} = e^{\alpha f}$$

得：当量摩擦系数 $f' = \ln(F_1/F_2)/\alpha = \ln2/(3.14 \times 120/180)$

$$= 0.693/2.0933 = 0.331 \text{（4分）}$$